宁波茶通典

茶人物典

宁波茶文化促进会　组编

竺济法　著

中国农业出版社
北京

宁波茶通典

丛书编委会

宁波茶通典

主编

姚国坤　研究员，1937年10月生，浙江余姚人，曾任中国农业科学院茶叶研究所科技开发处处长、浙江树人大学应用茶文化专业负责人、浙江农林大学茶文化学院副院长。现为中国国际茶文化研究会学术委员会副主任、中国茶叶博物馆专家委员会委员、世界茶文化学术研究会（日本注册）副会长、国际名茶协会（美国注册）专家委员会委员。曾分赴亚非多个国家构建茶文化生产体系，多次赴美国、日本、韩国、马来西亚、新加坡等国家和香港、澳门等地区进行茶及茶文化专题讲座。公开发表学术论文265篇；出版茶及茶文化著作110余部；获得国家和省部级科技进步奖4项，家乡余姚市人大常委会授予"爱乡楷模"称号，是享受国务院政府特殊津贴专家，也是茶界特别贡献奖、终身成就奖获得者。

总序

踔厉经年，由宁波茶文化促进会编纂的《宁波茶通典》（以下简称《通典》）即将付梓，这是宁波市茶文化、茶产业、茶科技发展史上的一件大事，谨借典籍一角，是以为贺。

聚山海之灵气，纳江河之精华，宁波物宝天华，地产丰富。先贤早就留下"四明八百里，物色甲东南"的著名诗句。而茶叶则是四明大地物产中的奇葩。

"参天之木，必有其根。怀山之水，必有其源。"据史料记载，早在公元473年，宁波茶叶就借助海运优势走出国门，香飘四海。宁波茶叶之所以能名扬国内外，其根源离不开丰富的茶文化滋养。多年以来，宁波茶文化体系建设尚在不断提升之中，只一些零星散章见之于资料报端，难以形成气候。而《通典》则为宁波的茶产业补齐了板块。

《通典》是宁波市有史以来第一部以茶文化、茶产业、茶科技为内涵的茶事典籍，是一部全面叙述宁波茶历史的扛鼎之作，也是一次宁波茶产业寻根溯源、指向未来的精神之旅，它让广大读者更多地了解宁波茶产业的地位与价值；同时，也为弘扬宁波茶文化、促进茶产业、提升茶经济和对接"一带一路"提供了重要平台，对宁波茶业的创新与发展具有深远的理论价值和现实指导意义。这部著作深耕的是宁波茶事，叙述的却是中国乃至世界茶文化不可或缺的故事，更是中国与世界文化交流的纽带，事关中华优秀传统文化的传承与发展。

宁波具有得天独厚的自然条件和地理位置，举足轻重的历史文化和人文景观，确立了宁波在中国茶文化史上独特的地位和作用，尤其是在"海上丝绸之路"发展进程中，不但在古代有重大突破、重大发现、重大进展；而且在现当代中国茶文化史上，宁波更是一块不可多得的历史文化宝地，有着举足轻重的历史地位。在这部《通典》中，作者从历史的视角，用翔实而丰富的资料，上下千百年，纵横万千里，对宁波茶产业和茶文化进行了全面剖析，包括纵向断代剖析，对茶的产生原因、发展途径进行了回顾与总结；再从横向视野，指出宁波茶在历史上所处的地位和作用。这部著作通说有新解，叙事有分析，未来有指向；且文笔流畅，叙事条分缕析，论证严谨有据，内容超越时空，集茶及茶文化之大观，可谓是一本融知识性、思辨性和功能性相结合的呕心之作。

这部《通典》，诠释了上下数千年的宁波茶产业发展密码，引领你品味宁波茶文化的经典历程，倾听高山流水的茶韵，感悟天地之合的茶魂，是一部连接历史与现代，继往再开来的大作。翻阅这部著作，仿佛让我们感知到"好雨知时节，当春乃发生，随风潜入夜，润物细无声"的情景与境界。

宁波茶文化促进会成立于2003年8月，自成立以来，以繁荣茶文化、发展茶产业、促进茶经济为己任，做了许多开创性工作。2004年，由中国国际茶文化研究会、中国茶叶学会、中国茶叶流通协会、浙江省农业厅、宁波市人民政府共同举办，宁波茶文化促进会等单位组织承办的"首届中国（宁波）国际茶文化节"在宁波举行。至2020年，由宁波茶文化促进会担纲组织承办的"中国（宁波）国际茶文化节"已成功举办了九届，内容丰富多彩，有全国茶叶博览、茶学论坛、名优茶评比、宁波茶艺大赛、茶文化"五进"（进社区、进学校、进机关、进企业、进家庭）、禅茶文化展示等。如今，中国（宁波）国际茶文化节已列入宁波市人民政府的"三大节"之一，在全国茶及茶文化界产生了较大影响。2007年举办了第四届中国（宁波）国际茶文化节，在众多中外茶文化人士的助推下，成立了"东亚茶文化研究中心"。它以东亚各国茶人为主体，着力打造东亚茶文化学术研究和文化交流的平台，使宁波茶及茶文化在海内外的影响力和美誉度上了一个新的台阶。

宁波茶文化促进会既仰望天空又深耕大地，不但在促进和提升茶产业、茶文化、茶经济等方面做了许多有益工作，并取得了丰硕成果；积累了大量资料，并开展了很多学术研究。由宁波茶文化促进会公开出版的刊物《海上茶路》（原为《茶韵》）杂志，至今已连续出版60期；与此同时，还先后组织编写出版《宁波：海上茶路启航地》《科学饮茶益身心》《"茶庄园""茶旅游"暨宁波茶史茶事研讨会文集》《中华茶文化少儿读本》《新时代宁波茶文化传承与创新》《茶经印谱》《中国名茶印谱》《宁波八大名茶》等专著30余部，为进一步探究宁波茶及茶文化发展之路做了大量的铺垫工作。

宁波茶文化促进会成立至今已20年，经历了"昨夜西风凋碧树，独上高楼，望尽天涯路"的迷惘探索，经过了"衣带渐宽终不悔，为伊消得人憔悴"的拼搏奋斗，如今到了"蓦然回首，那人却在灯火阑珊处"的收获季节。编著出版《通典》既是对拼搏奋进的礼赞，也是对历史的负责，更是对未来的昭示。

遵宁波茶文化促进会托嘱，以上是为序。

宁波市人民政府副市长　杨勇

2022年11月21日于宁波

前言

关于本书茶人物的定义，系古今甬籍或外地在甬人士，在茶文化、茶产业等方面产生影响者。本书共收录31篇31位茶人物主要事迹，并将各篇亮点作一简介。

史籍记载宁波最早之茶人，是"茶圣"陆羽先后在《茶经》《顾渚山记》中三次记载的余姚人虞洪，其于东晋永嘉年间入瀑布山采茶，巧遇道家丹丘子指点获大茗，随着《茶经》的传播，其事在海内外茶人中家喻户晓。

与虞洪同宗，唐代大臣、书法家虞世南，曾在隋末任秘书期间，纂有著名类书《北堂书钞》，今存160卷，其中《茶篇》摘引12则茶事。其意义在于，一是说明至少在隋代末年，已开始使用"茶"字，并非到唐代中期才启用；二是虞世南早陆羽近百年，这12则茶事，除了最后一条"饮而醉焉"外，其余11则《茶经·七之事》均有引用，可作对比研究。

除了虞世南，唐代宁波还出了两位著名茶事人物，一是初唐大医家陈藏器，其《本草拾遗》记载了茶能"破热气，除瘴气，利大小肠"等诸多功能，尤其说到茶饮具有减脂功能为其首提："久食令人瘦，去人脂。"另一位是晚唐天童寺住持禅师，留有法语"且坐吃茶"，早于著名的从谂禅师法语"吃茶去"20年左右，两条禅语各有妙处。包括百丈怀海之《百丈清规》诸多佛门茶事，天童寺因此成为中国茶禅文化三大源头之一。

五代明州翠岩院（今宁波海曙区横街镇重建翠山寺）永明禅师，有禅语"茶堂里贬剥去"。其中"贬剥"有论辩、探讨切磋、咀嚼茶之滋味之意，与"吃茶去"有异曲同工之妙，为早期茶禅又一重要公案。

宋代奉化籍著名诗人林逋，品格高雅，世称"梅妻鹤子"，作有多首茶诗，其中著名诗句"世间绝品人难识，闲对茶经忆古人"脍炙人口。同时代的雪窦寺高僧雪窦重显，四川遂宁人，住持雪窦寺29年，留有《谢鲍学士惠腊茶》《送山茶上知府郎给事》"明招茶铫"公案等多首茶诗、偈，蕴含禅理。象山籍高僧虚堂智愚与日本弟子南浦绍明，在日本茶道界影响深远，虚堂传到日本的多种墨迹，被列为日本国宝或重要文物，古代常在日本茶会上展示。虚堂还作有《谢芝峰交承惠茶》等多首茶诗。

明初宁波知府王琏，刚正不阿，不徇私情，留有"撤茶太守"之美名。

明代宁波以名人茶书著称于世，如屠隆《考槃余事》之《茶说》、屠本畯《山林经济籍》之《茗笈》、万邦宁《茗史》、闻龙《茶笺》、罗廪《茶解》，分别在晚明时代刊行，极一时之盛。其中罗廪《茶解》被当代誉为仅次于陆羽《茶经》之第二茶书。屠隆还作有《龙井茶歌》，音韵优美，为龙井茶最早之长歌。

"余姚四先贤"之一的朱舜水，曾趣言"王者之道本无新奇，只是家常茶饭耳"，流亡日本24年，在传播中国文化之同时，传播茶文化，受到日本朝野各界尊崇。与朱氏同时代的清初宁海旅日文士叶隽，在日本著有《煎茶诀》，言简意赅，颇得要领，为日本同时代同类茶书之佼佼者。惜家乡已难找其人其事，生平未详。

"炒青已到更阑后，犹试新分瀑布泉。"同为"余姚四先贤"之一的浙东学派领军人物黄宗羲，留有著名的《余姚瀑布茶》等茶诗，为古代宁波最美茶诗之一。与其并称"二老"、不愿到清廷为官的慈城著名学者郑溱，留有《家人夜制新茶》等茶诗，该诗与黄宗羲《余姚瀑布茶》有异曲同工之妙。郑溱子郑梁，黄宗羲高足，进士，官至广东高州知府，早年曾随父亲足迹，到四明山瞭舍一带采茶，赋有《瞭舍采茶杂咏四十三首》，为历代采茶诗之最。

著名史学家、《明史》主笔万斯同是一位传奇人物，史载其少时顽皮不爱读书，甚至在客人面前恶作剧，被父亲关到书房闭门思过，从此博览父亲藏书，并从《茶经》中受到启发，终成大器。当年13位亲友，送其与侄子万言赴京编修《明史》，在鄞江送别时以茶饯行，以此为背景的《鄞江送别图》系佐证浙东学派活动的重要文物实证。其还留有多首茶诗。

清代著名学者全祖望两赋历史名茶四明十二雷，为宁波茶赋之最，另有《灵山茶并序》等茶诗，清新可读。

清代广东高要籍刘峻周，曾在宁波茶厂学徒，后任副厂长，受俄国皇家采办商波波夫邀请，带领11名技工，在宁波及周边地区采购大量茶籽、茶苗，到当时俄国藩属地格鲁吉亚种茶取得成功，系中国茶对外传播重要事例之一。

晚清慈城籍著名书法家、诗人梅调鼎嗜茗爱壶，联合一批书画名家、制壶高手，在家乡创办玉成窑，所制茗壶、文房雅玩均为精品，为文人紫砂壶高峰之一，当代业界褒赞"前有陈曼生，后有梅调鼎"。

晚清慈城籍官员郑世璜，受委派到印度、锡兰（今斯里兰卡）考察茶事，史称出国考察茶事第一人。其回国后向清廷呈递《考察锡兰、印度茶务并烟土税则清折》《改良内地茶业简易办法》等禀文，结集为《乙巳考察印、锡茶土日记》出版，其很多建言，至今仍有现实意义。

在现当代宁波著名书画家中，与茶事相关的首推宁海籍国画大师潘天寿，其指墨画《旧友晤谈图》为历代茶画之最，另有三幅茶画《与君共岁华》《陶然》《君子清暑图》喜闻乐见。当代篆刻泰斗、鄞县（今鄞州区）籍西泠印社名誉副社长高式熊《茶经印谱》为茶文化之最，楷书《陆羽茶经》、茶诗茶联书法集等茶文化书法、印谱均为难得精品。鄞县籍著名书法篆刻大家、古文学家、诗人朱复戡诗并篆籀书体《品龙井赏菊》别具一格，为赞颂龙井茶难得文献。鄞县籍现代书坛泰斗沙孟海13种茶文化题字、篆刻丰富多彩，尤以中国茶叶博物馆馆名、《中国茶叶》刊名受众最广，早年为印友篆刻涉茶闲章别有情趣。慈城籍著名书法家、诗人沈元魁，以赞美望海茶为主题的《试茶》诗书兼美，其另有茶诗多首。

镇海（今北仑区）籍著名音乐家周大风创作的《采茶舞曲》，糅合多种音乐元素，优美动听，风靡国际，被联合国教科文组织评为亚太地区优秀民族歌舞，并被推荐为亚太地区风格的优秀音乐教材。这是中国历代茶歌茶舞得到的最高荣誉。

宁海籍浙江省政协原主席、中国国际茶文化研究会创始会长、浙江树人大学创始校长王家扬，开创当代茶文化新局面，德高望重，深受海内外茶人敬仰，晚年分别向家乡捐献教育、水利基金155万元，以百岁高龄仙逝。

余姚籍中国国际茶文化研究会副秘书长、著名茶文化专家姚国坤，茶著等身，已出版代表作《中国茶文化学》等70多部，读者遍天下，在海内外茶人中享有崇高声誉。

　　此外，史上还有十多位宁波籍资深茶文化相关人物，待进一步深入挖掘、了解。

　　《宁波茶通典》丛书为九分册，是一项重要文化工程，感谢宁波茶文化促进会领导重视立项，成立编委会。笔者作为当事人，参与框架策划，今丛书初成，深感欣慰。感谢曹建南、张如安、郭孟良等师友，提供多种参考文献。笔者才疏学浅，谬误或不当之处，敬请读者批评指正。

著　者

目录

宁波茶通典 · 茶人物典

总序

前言

一、古代篇

虞洪遇丹丘子获大茗　　　　　　　　　　　　1

虞世南《北堂书钞》记茶事　　　　　　　　　6

陈藏器《本草拾遗》载茶功　　　　　　　　13

"且坐吃茶"咸启语　早于从谂"吃茶去"　18

五代永明留禅语　茶堂贬剥出新意　　　　24

林逋闲对《茶经》忆古人　　　　　　　　　27

雪窦重显诗颂说茶禅　　　　　　　　　　　33

虚堂智愚、南浦绍明师徒对日本茶道影响深远　39

王玭"撮茶太守"传美名　　　　　　　　　50

屠隆钟爱龙井茶　　　　　　　　　　　　　52

屠本畯独于茗事不忘情　　　　　　　　　　57

万邦宁采集诸书作《茗史》   64

闻龙年迈愈爱茶   69

罗廪茶书称第二   74

朱舜水趣言"王者之道本无新奇，

　　只是家常茶饭耳"   82

黄宗羲更阑犹试瀑布茶   87

郑溱父子瞭舍采茶赋长诗   93

万斯同：《茶经》启发成大器   97

叶隽《煎茶诀》著称日本   102

全祖望两赋四明十二雷   109

刘峻周将宁波茶叶引种格鲁吉亚   115

梅调鼎创办玉成窑   121

郑世璜——中国茶业出国考察第一人   129

二、现当代篇

潘天寿指墨茶画称绝响 139

朱复戡龙井品茗留佳作 146

沙孟海茶文化题字、篆刻赏览 151

百岁人瑞王家扬 明德惟馨如茶香 162

篆刻泰斗高式熊 印谱书法溢茶香 169

周大风《采茶舞曲》蜚声中外 176

沈元魁《试茶》诗书美 183

姚国坤茶著等身 189

参考文献 200

附录 宁波茶文化促进会大事记（2003—2021年） 202

一、古代篇

虞洪遇丹丘子获大茗

读过《茶经》的茶文化爱好者都知道，陆羽《茶经》先后两次记载余姚人虞洪，在瀑布山遇丹丘子指点，采获大茗；同时记载余姚瀑布泉岭出仙茗，即今之名茶瀑布仙茗。本文详述其人其事，以飨读者。

记于王浮《神异记》，《茶经》转引名声大

西晋道士王浮在《神异记》中，记有余姚人虞洪遇丹丘子获大茗事迹：

> 余姚人虞洪，入山采茗，遇一道士，牵三青牛，引洪至瀑布山，曰："吾丹丘子也。闻子善具饮，常思见惠。山中有大茗，可以相给，祈子他日有瓯牺之余，不相遗也。"因立奠祀。后令家人入山，获大茗焉。

这段话除"牺"字比较费解外，其余不难理解。"牺"为木勺，"瓯牺"即瓷碗木勺。这段话的大致意思是：一位名叫虞洪的余姚人到四明山采茶，碰到一位自称为丹丘子的道人，引他到瀑布山，并告诉他说：听说你很会煮茶，常想请你送我品尝，山中有大茗，可以指点你去采摘，希望以后你有多余的茶饮能送我一些。虞洪感谢丹丘子的知遇之恩，于是建庙以茶祭祀，以后经常让家人进山，采摘大茗。

这一茶事在宋代《太平御览》卷867、《太平寰宇记》卷98、《太平广记》卷412，均有引录。《太平御览》引文在《神异记》前面加了"王浮"二字，《太平广记》则注明引于陆羽《顾渚山记》。其中转引影

响最大的是陆羽《茶经》。《茶经·七之事》为全文引录，《茶经·四之器》引录文字相对简单一些，但内容大同小异：

> 永嘉中，余姚人虞洪入瀑布山采茗，遇一道士云："吾丹丘子，祈子他日有瓯牺之余，乞相遗也。"

除了《茶经》两处引用，陆羽《顾渚山记》也转引这一茶事：

> 《神异记》曰：余姚人虞茫，入山采茗，遇一道士，牵三青羊，饮瀑布水。曰："吾丹丘子也。闻子善具饮，常思见惠。山中有大茗，可以相遗，祈子他日有瓯牺之余，必相遗也。"因立茶祠。后常与人往山，获大茗焉。

比较而言，《顾渚山记》所引有多处差别，首先是虞洪为"虞茫"，这可能是"洪""茫"字形相近，为历代版本翻印之误；其次是"牵三青牛"为"牵三青羊"；从道家鼻祖老子是骑牛出关记载来说，"三青牛"比"三青羊"更合乎道家故事；三是"相给"变为"相遗"，词义相似，"相遗"非常用词；四是"因立奠祀"为"因立茶祠"，"茶祠"更有特定性。

可见这一茶事是有多种版本的。王浮《神异记》已散佚，仅能在其他类书中看到包括虞洪获大茗等8则片段，共400多字，前3则为小故事，后5则每则仅一句话。其中第三则为虞洪获大茗。比较陆羽这两种引录，《茶经》为其代表作，《顾渚山记》可能历经多次转抄翻印，变化较大，应采信《茶经》为准。即使《茶经》版本，个别文字亦有差别，如明代嘉靖竟陵（今湖北天门）版《茶经》，刻于嘉靖二十一年（1542），其中"吾"字为"予"字，两字同义。

王浮《神异记》除了第三则记载虞洪获大

明代嘉靖竟陵（今湖北天门）版《茶经》"虞洪获大茗"：其中"吾"字为"予"字

茗，紧接第四则仅为一句话，亦为道家茶事："丹丘出大茗，服之生羽翼。"晋代之前茶事凤毛麟角，王浮如此关注茶事，说明他也是爱茶之人。此外，其传播受仙人指引，终获大茗，以及饮茶可升天成仙，显然是其作为道家人士，自神其教之宗教宣传，客观上也传播了茶文化。

在这一故事中，丹丘子成人之美，为虞洪指点大茗，并谦逊请求虞洪有多余茶水时，能送他一些饮用；虞洪则知恩图报，立祠祭祀，富有人情味。

茶事发生地点为著名道家圣地

虞洪茶事之发生地点，因为有余姚、瀑布山等固有地名，一般认为是今余姚梁弄镇白水冲瀑布上游道士山。

梁弄镇位于浙东名山四明山麓，系2018年设立的四明山省级旅游度假区入口处，这里与相邻的上方高山大岚镇、四明山镇一带为八百里四明山之腹地，古为仙家道人修道游仙之胜地。

汉代著名隐士、"吏隐真人"梅福与严光，曾在四明山修道炼丹，治病救人，今有梅福草堂、梅仙井等遗迹；梅福曾作《四明山志》，惜已散佚。晋代儒、道、医药名家葛洪《神仙传》记载，三国时上虞县令刘纲、樊云翘夫妇好神仙修道之事，在县堂升天成仙。他们曾到大岚一带修道，今传有升仙桥遗迹。

初唐高道、上清派第十二代宗师司马承祯，与李白、孟浩然、王维、贺知章等并称为"仙宗十友"。其道教经典《天地官府图》将四明山之丹山赤水，列为"三十六小洞天"之第九："第九四明山洞，周回一百八十里，名曰丹山赤水天，在越州（今绍兴市）上虞县，真人刁道林治之。"

唐木玄虚撰、贺知章注《四明洞天丹山图咏集》诗云："四明丹山赤水天，灵踪圣迹自天然。二百八十峰相接，其间窟宅多神仙。"

丹山赤水之名则因其核心地貌有赭红山岩峭壁，倒影溪流之中，故名丹山赤水。

宋政和六年（1116），宋徽宗赐额"丹山赤水洞天"，名扬天下。

附近四窗岩景点则为四明山山名出典处。

如此道家圣地出现一个指点大茗的丹丘子非常契合。需要说明的是，《茶经》将"虞洪获大茗"茶事确定在晋代，如上文所说，当代很多著作或文章，因为《茶经·七之事》开篇有"汉丹丘子、黄山君"之说，并未交代其出处和活动地点，便将在余姚瀑布山出现的晋丹丘子提前到了汉代。其实丹丘子仅是道家之号，各个年代均有自称"丹丘子"或"某丹丘"的道家或文士，如李白就有一位称为元丹丘的道家朋友，作有《元丹丘歌》，更多同名号之人则难有机会见之于经传。

余姚梁弄镇道士山白水冲瀑布

惜虞洪所立茶祠早已消弭在历史长河之中，据当地方志记载，民国时道士山一带尚有道观遗存，今日已难见踪迹。

与"虞洪获大茗"相关的历史名茶瀑布仙茗

与《神异记》"虞洪获大茗"相呼应的是，《茶经·八之出》也记载了余姚大茗，并美名为"仙茗"：

浙东，以越州上（余姚县生瀑布泉岭，曰仙茗，大者殊异，小者与襄州同）……

其中瀑布泉岭，即今梁弄镇白水冲瀑布上游道士山，尚有灌木型大叶古茶树遗存，有一片长势良好的灌木型大叶茶，叶片肥大，主干直径多为10厘米左右，两棵较大的直径达13厘米，高3米以上，另有一棵已枯萎的茶树桩直径为19厘米。笔者2005年曾去当地考察，当时撰文认为虞洪遇丹丘子获大茗故事应有其事。2009年春天，余姚市邀请海内外多位茶文化专家、学者，到道士山考察，认为这片古茶树树龄至少在百年以上，远限则可达数百年，是灌木型茶树中的佼佼者，非常珍贵，可视为《神异记》《茶经》记载的"大茗"，目前已被余姚市列为古茶树保护区。

因气候关系，我国茶树自南向北分为乔木、半乔木、灌木，浙江地区为灌木型茶区，一般树干直径都在10厘米以下。"大茗"可理解为大茶树或灌木大叶茶，余姚瀑布山大茗即为后者灌木大叶茶。

生于瀑布泉岭，称为仙茗，瀑布仙茗之茶由此得名，列为唐代名茶，始于晋代，系中国较早命名并延续至今的历史名茶之一，更早的还有三国乌程（今湖州市吴兴区）温山御荈等。

东汉至唐代余姚虞氏名人多

尽管王浮堪称古代"戏说"鼻祖，但《神异记》记的是当代茶事，有人物、地点，今日余姚又有白水冲瀑布、道士山等相应地名，虽然没有记载故事发生年代，《茶经》"四之器""七之事"补记其年代为西晋永嘉中和晋代，因此"虞洪获大茗"具有较高的可信度。

另一个可以佐证的史实是，虞氏是东汉至唐代余姚之望族。余姚虞氏祖籍上阳（今三门峡市），自东汉中叶尚书令虞翊迁居余姚，世代仕宦约800年，名人辈出，在历代余姚县志中，自汉至唐立传的有60人，其中虞氏占到54人，有"一部余姚志，半部虞家史"之说。其中著名人物有：三国时期的著名经学家、骑都尉御史大夫虞翻；东晋时

余姚籍三国著名经学家、骑都尉御史大夫虞翻画像

期的著名军事家虞潭，杰出的经学和天文学家虞喜，史学家虞预；隋唐间名臣、著名书法家虞世南，祖父虞检、生父虞荔、继父虞寄、兄虞世基均为南朝至唐代仕宦世家。唐朝后，包括虞世南等虞氏族人大多分迁各地，今日余姚虞氏后裔已属少数。

虞洪经常到瀑布岭采茶，一是说明其爱茶，二是说明其为与时俱进、勇于接受新生事物、引领风尚的时尚之人。如上文写到，晋代茶事尚少，虞洪除了自饮，还会作为商品出售，这也带动了朋友圈爱上茶饮，其中不少为道家人物。饮茶人多了，名声大了，才引起王浮重视而载入《神异记》。

虞洪作为文献记载的宁波最早和全国较早的采茶人，因被《神异记》记载，尤其被《茶经》转引而广为传播，成为余姚虞氏名人亦属难得。惜记载早期余姚虞氏的宗谱已散佚，仅见存目，否则当能发现其更多信息。

虞世南《北堂书钞》记茶事

陆羽《茶经·七之事》搜集了中唐之前的各种茶事。此前，有关茶的诗文、事迹似乎无人搜集。笔者从陈彬藩主编的《中国茶文化经典》中看到，初唐名臣、著名书法家虞世南编修的隋代类书《北堂书钞·酒食部三·茶篇八》搜集了12则茶事，但仔细阅读，发现很多竟是作者身后的茶事,于是找到《北堂书钞》原著,查到原著上记载的茶事共12则,《中国茶文化经典》收集的大多是后人校注时加入的。

虞世南(558—638),字伯施,唐代著名书法家、诗人、凌烟阁二十四功臣之一。越州余姚(今宁波慈溪市观海卫镇杜岙解家村)人,今当地立有唐虞秘监故里碑,镇上有虞世南纪念馆。其父虞荔、兄虞世基、叔父虞寄,均名重一时。虞寄无子,世南过继于他,故字伯施。少时与兄求学于顾野王,有文名;学书沙门智永,妙得其体,与欧阳询齐名,世称“欧虞”。初为隋炀帝近臣,官起居舍人。入唐为弘文馆学士,官至秘书监,封永兴县子(故世称虞永兴)。甚得唐太宗的敬重,死后追赠礼部尚书,并绘像于凌烟阁。唐太宗曾诏曰:“世南一人,有出世之才,遂兼五绝。一曰忠谠,二曰友悌,三曰博文,四曰词藻,五曰书翰。”并伤心地哭着说:“宫里藏书和著书之处,再也没有人能比得上虞世南了!”

虞世南画像

位于慈溪市观海卫镇杜岙解家村的唐虞秘监故里碑

记载茶事十二则

虞世南早陆羽近百年。今存160卷《北堂书钞》，是虞世南在隋代任秘书期间，在秘书省后堂，将群书中可以引用、查阅的重要事物汇于一书，秘书省后堂又叫北堂，因此叫《北堂书钞》。

笔者查阅的《北堂书钞》是学苑出版社1998年出版的影印本，原书为清光绪十四年（1888）南海孔氏三十有三万卷堂影宋刊本，由清代孙星衍、孔广陶等多名学者，根据影宋本校订。

兹将该书"酒食部三·茶篇八"记载的12则茶事引录如下：

芳冠六清，味播九区。——张载诗云：芳茶冠六清，溢味播九区。今案：见百三家《张载集·登白菟楼》诗，陈俞本"白菟"作"成都"。

焕如积雪，晔若春敷。——杜育《茶赋》云：瞻彼卷阿，实曰夕阳。厥生荈草，弥谷被冈。今案：陈俞本及《类聚》八十二，引《茶赋》作《荈赋》。严辑《杜育集》亦然。又俞本脱"瞻彼"二句；陈本改作"灵山惟岳，奇产所钟"。

调神和内，倦解慵除。——又《茶赋》云：若乃淳染，真辰色□。青霜□□□□，白黄若虚。调神和内，倦解慵除。王石华校："懈"改"解"，"康"改"慵"。今案：严辑《杜育集·荈赋》，同陈俞本："倦"作"倦"，无注。

益气少卧，轻身能老。——《本草经》云：苦草一名茶草，味苦，生川谷，治五脏邪气。严氏校：欲删"生川谷"三字，非也。今案：问经堂《本草经》："茶"作"荼"，陈本脱一名四字。

饮茶令人少眠。——《博物志》云：饮真茶，令人少眠睡。今案：陈俞本同；明吴管校本、稗海本：《博物志》脱，《御览》八百六十七引脱"人"字。

愤闷恒仰真茶。——刘琨与兄子演书云：吾患体内愤闷，恒仰真茶，汝可信，信致之。今案：百三家本《刘琨集》及陈俞本"愤"作"烦"，"内"作"中"；又俞本"演"误"群"，陈本、百三家本及严辑本"仰"作"假"；本钞中改内详本卷上文。

酉平皋卢。——裴渊《南海记》云：酉平县出皋卢，茗之别名，南人以为饮。今案：《御览》八百六十七引《南海记》："皋"作"皋"；陈俞本改注《广州记》，亦作"皋"。

武陵最好。——《荆州土地记》：武陵七县通出茶，最好。今案：陈俞本同《齐民要术》卷十，引《荆州土地记》云：浮陵茶最好。

饮以为佳。——《四王起事》云：惠帝自荆还洛，有一人持瓦盂承茶，夜莫上至尊，饮以为佳。严氏校：旁勒四字误矣。今案：《御览》八百六十七，引四王起事洛下，有阳字一人持作黄门，以无"夜莫"二字；陈俞本与《御览》同，惟"起"误"遗"。

因病能饮。——《搜神记》云：桓宣武有一督将，行因病后虚热，更能饮，复茗必一斛二升，乃饱后有客造会，令更进五升，乃吐一物，状若牛脂，即疾差矣。王石华校："若"改"茗"。今案：《学津讨原》本《搜神记》及陈本，"行因"作"因时行"，"二升"作"二斗"，"脂"作"肚"。

密赐当酒。——《吴志》云：孙皓每飨宴，韦曜不饮酒，每宴飨赐茶不过二升也。今案：《吴志》卷二十及本钞《酒篇》引略有异同，陈俞本脱，又陈本此下续增二十四条，均非旧钞所有。

饮而醉焉。——秦子云、顾彦先曰：有味如醯，饮而不醉；无味如茶，饮而醉焉。醉人何用也。今案：陈本脱，俞本及玉函山房辑本"醯"作"胧"，"醉焉"作"醒焉"，余同。《意林》五，引秦子作"醺"作"醉焉"，与旧钞合，惟"无"误"其"，"茶"误"黍"。又收句脱"醉人用"三字。

清光绪十四年（1888）孙忠愍侯祠堂旧校影宋原本、南海孔氏三十有三万卷堂校注重刊《北堂书钞》书影

宋本《北堂书钞·酒食部三·茶篇八》书影

以上12则茶事，第二、三两则均引自杜育《茶赋》，第四则"益气少卧，轻身能老"之"老"字，疑为错字。

据笔者理解，以上"今案"之前应为虞世南摘编原文，"今案"之后为历代校订文字。原文所引茶事与其他文献所引同类茶事有所出入，可供专家、学者参考。

《北堂书钞》成书于隋代末年，约615年，陆羽《茶经》初稿约完成于761年，两者至少相差140余年，《北堂书钞》因此可视为茶文化重要文献。

可与《茶经》等书相互印证

以上12则茶事，与《茶经》所载茶事大同小异，其中第四则《本草经》内容，与《茶经》所引两则《本草》引文内容不尽相同，可供专家、学者对比研究。

笔者曾查阅载有艺文志或经籍志的《汉书》《清史稿》等"七史"，以"神农本草""本草"冠名的古籍较多，其中很多已散佚，现存的《神农本草经》并无茶事记载，这与虞世南的《北堂书钞》和《茶经》没有引录该书茶事相吻合。

隋代之前已经使用"茶"字

一般认为"茶"字是由"荼"字演变而来的，汉代以前两者通用，到了中唐茶事兴盛，尤其是陆羽撰写《茶经》后，才确立"茶"字。

笔者以为，从《北堂书钞·茶篇》中，可以得到一个重要信息，即隋代已经确立"茶"字。"茶篇"附于"酒篇"之后，所记均为茶事，有别于广义之"荼"字，说明隋代末年已经确立"茶"字，至少比中唐提前150年左右。

1990年，浙江省湖州市博物馆在一座东汉至三国时期的墓葬中，清理出一只写有"茶"字的青瓷四系罍，说明东汉时期已开始使用"茶"字

"茶"字（局部）

或与虞洪同宗，丰富了宁波茶文化底蕴

唐代之前，虞氏是余姚望族，除了虞世南，三国即有余姚籍吴国大臣、学者虞翻等名人。就茶文化来说，还有晋代道士王浮在《神异记》中提到的，在瀑布山遇丹丘子获大茗的余姚人虞洪。唐代以前，人口稀少，同地同姓者多为同宗，虞洪或与虞世南同宗。遗憾的是，自虞世南始，余姚虞氏先后外迁，如今余姚已少有虞氏。据当地家谱专家介绍，至今只看到古籍记载的《虞氏家谱》目录，未看到实物，因此余姚虞氏的历史已较难知晓。

如上所述，余姚茶文化历史悠久，晋代即有虞洪遇丹丘子获大茗的记载，这是宁波市最早、浙江省较早的茶事记载；虞世南《北堂书钞·茶篇》早于《茶经》140余年，无疑是中国茶文化、更是宁波和余姚茶文化的重要文献，这是虞世南留给家乡人民的精神财富。

陈藏器《本草拾遗》载茶功

在陆羽《茶经》之前，有关茶的记载多是只言片语，记载茶功茶效的更少，综合各种文献，仅有《本草经》《神农食经》（原书已散佚）、《桐君录》、晋张华《博物志》、梁陶弘景《杂录》、三国华佗《食论》、唐苏敬《新修本草》（又称《唐本草》）、孟诜《食疗本草》、陈藏器《本草拾遗》等数种，唐代宁波籍大医学家陈藏器编撰的《本草拾遗》，是其中重要的一种。

承先启后称巨著

陈藏器 [681（一作687）—757]，唐代四明（今宁波市）人，医学家、药物学家、方剂学家。开元中（713—741）为京兆府三原（今陕西省咸阳市三原县）县尉，县尉系县令以下分管治安的官员。平时爱好医道，专心攻研药学，喜读本草一类书籍。他认为成书于汉代的《神农本草经》，虽有陶弘景《本草经集注》、苏敬《新修本草》、孟诜《食疗本草》等名家的集注补释，尤其是由苏敬主编，在唐高宗显庆四年（659），由朝廷颁布的第一部官方药典《新修本草》，载药844种，但遗漏尚多。而且在《新修本草》成书之后的70多年里，民间又涌现出大批单方、验方。于是，他广集诸家方书及当

陈藏器画像

时所用新药，以寒温性味华实禽兽为类，在开元二十七年（739），撰成《序例》一卷、《拾遗》六卷、《解纷》三卷，总名《本草拾遗》。《新修本草》新增药物114种，《本草拾遗》比《新修本草》新增药物多6倍。此书将中药的药物性能归纳为10类：宣、通、补、泻、轻、重、滑、涩、燥、湿，言其"宣可去壅""通可去滞""补可去弱""泄可去闭""轻可去实""重可去怯""滑可去着""涩可去脱""燥可去湿""湿可去枯"，后世发展成"十剂"方剂分类法，至今仍为中医界应用。又载"罂粟"可入药。该书对祖国医药学有承先启后的重要意义。

由于时代局限，《本草拾遗》亦有荒诞之处，如所记以人肉疗羸疾，助长了后世愚孝风俗割肉疗亲的恶例，虽然他非始作俑者，但影响极坏。后人因此讥诮其搜罗怪僻，受到历代医家的批评，从而也影响对《本草拾遗》的评价。

但瑕不掩瑜，明代大医家李时珍，在《本草纲目》中对陈藏器和《本草拾遗》作了高度评价：

> 其所著述，博极群书，精核物类，订绳谬误，搜罗幽隐，自本草以来，一人而已！肤谫（浅薄之意）之士，不察其详核，惟诮其僻怪，宋人亦多删削。岂知天地品物无穷，古今隐显亦异，用舍有时，名称或变，届可以一隅之见，而遽讥多闻哉！如辟虺雷、海马、胡豆之类，皆隐于昔，而用于今。仰天皮、灯花、败扇之类，皆万家所用者。若非此书收载，何从稽考？此本草之书，所以不厌详悉也。

安徽科学技术出版社2003年版《〈本草拾遗〉辑释》封面

美国加利福尼亚大学教授爱德华·谢弗，在他的汉学名著《唐代的外来文明》一书中，称赞陈藏器是"八世纪伟大的药物学家"，并将他与相对保守一些的药物学者相比较，认为"陈藏器详细而又审慎地记录了唐代物质文化的许多方面内容，这些记载虽然与医药没有直接的关系，但是对于我们来说，却有很高的价值"。

2003年，安徽科学技术出版社出版了由中医史学专家、本草文献学专家和本草文献整理研究奠基者尚志钧辑释的《〈本草拾遗〉辑释》，这本46万字的力作，对《本草拾遗》作了全面解读、注释。据尚志钧研究，《本草拾遗》引用的文献达127种，可见陈藏器的采集之广和研究之深。

首次记载茶瘦身

《本草拾遗》原书散佚，今本根据宋元丰五年（1082）唐慎微编撰的《经史证类备急本草》《医心方》等书收录，才得以传世。

该书有关茶的文字，有如是记述：

茗、苦荼：寒，破热气，除瘴气，利大小肠，食宜热，冷即聚痰。茶是茗嫩叶，捣成饼，并得火良。久食令人瘦，去人脂，使不睡。

早期记载茶效茶功的，大多只有一两句话，著名的如被陆羽引入《茶经》、已经散佚的《神农食经》的记载：

茶茗久服，令人有力，悦志。

陶弘景《杂录》载：

苦茶轻身换骨，昔丹丘子、黄山君服之。

华佗《食论》载：

苦茶久食，益意思。

比较而言，苏敬《新修本草》与孟诜《食疗本草》，已开始记载茶的多种功效，《新修本草》所载即陆羽《茶经·七之事》所引《本草·木部》内容：

> 茗，苦茶，味甘苦，微寒无毒，主瘘疮，利小便，去痰热渴，令人少睡。春采之。
>
> 苦茶，主下气，消宿食。作饮，加茱萸、葱、姜良。

《食疗本草》所载内容为：

> 茗叶利大肠，去热解痰，煮取汁，用煮粥良。又茶主下气，除好睡，消宿食，当日成者良。

可见，《本草拾遗》综合了《新修本草》与《食疗本草》的内容，不同的是，《本草拾遗》在其他本草记载消食、消宿食的基础上，首次提出了"久食令人瘦，去人脂"的观点。这一观点非常科学，即如今广为宣传的茶的减肥功能。古代食物短缺，居民大多营养不良需要增肥，与当代发达地区富裕人群营养过剩需要减肥不同，提醒人们要注意不宜多食、久食。这说明陈藏器的记载，是经过仔细观察研究的。

似茶非茶皋芦木

在《本草拾遗》中，陈藏器还记载了一种似茶非茶的皋芦木，并先后转引东晋裴渊《广州记》、南朝陈代沈怀远《南越志》对皋芦的记述：

> 皋芦叶，味苦平。作饮止渴，除痰不睡，利水明目，出南海诸山。叶似茗而大，南人取作当茗，极重之。《广州记》悦：新平县出皋芦。皋芦，茗之别名也，叶大而涩。又《南越志》曰：龙川县出皋芦，叶似茗，味苦涩，土人为饮。南海谓之过罗，或曰物罗，皆夷语也。

皋芦，《茶经》称瓜芦，很多古籍记载产于广东、四川、贵州等地，似茶非茶，近代少有记述，至今没有定论。一说即是大叶茶，一说是一种大叶冬青。当代苦丁茶一般指大叶冬青，属冬青科植物，叶片大而厚，味较苦。笔者以为与李时珍《本草纲目》所记相吻合：

皋芦，叶状如茗，而大如手掌。捋碎泡饮，最苦而色浊，风味比茶不及远矣。今广人用之，名曰苦登。

这一记载中"叶状如茗"与苦丁茶不符合。

多种文献记载皋芦"叶似茗"，《茶经》也说它"似茶，味苦涩"，显然不是苦丁茶，应该与茶相似。据吴觉农主编的《茶经述评》介绍，今日本就产有与茶相似的皋芦，该书还配有照片，叶片小而略圆，与茶叶相似，与苦丁茶则完全不同。

笔者以为，皋芦是有别于苦丁茶的，两者究竟是否为同一植物，尚待专家进一步研究确认。

坐落在宁波市中山西路上的咸通塔，亦称天宁寺塔，建于唐咸通四年（863），是我国长江以南现存的唯一唐代方形砖塔，也是宁波市唯一的唐代古迹。现为浙江省重点文物保护单位

《茶经》未录留遗憾

在唐代《食疗本草》《新修本草》《本草拾遗》三种著名本草书籍中，《茶经》仅引录了官方颁布的《新修本草》，引文分别见于《茶经·七之事》"本草·木部""本草·菜部"。

这三种当朝本草，陆羽应该都是看到的，可见他是有选择的。如果说《食疗本草》与《新修本草》的记载大同小异，那么，《本草拾遗》记载的"久食令人瘦，去人脂"的内容，是《茶经》所有引文中所没有的，未能收录实为一大憾事。

"且坐吃茶"咸启语
早于从谂"吃茶去"

晚唐赵州从谂（778—897）禅师"吃茶去"法语，为著名"赵州公案"，又称"赵州禅"，早已在海内外广为传播。比较而言，稍早于从谂的明州（今宁波）天童寺咸启禅师（？—约860）法语"且坐吃茶"，尽管已在包括日本在内的海内外传播，并衍生出"老来无力，且坐吃茶""闲来无事，且坐吃茶"等语，但少有人知道"且坐吃茶"之源头出处。

宋《五灯会元》记载"且坐吃茶"

咸启禅师，生平未详，宋代佛教经典《五灯会元》有目无传。据宁波《天童寺志》记载，其为天童寺第七代主席，于大中元年至十三年（847—859）住持该寺，弘扬洞山宗风，为天童寺曹洞宗始祖。宋代以后，该寺曹洞宗多日本、朝鲜半岛法嗣，以天童寺为祖庭，今常来朝拜。

《五灯会元·卷十三·明州天童咸启禅师》记有咸启两则机锋禅语，其中一则说到"且坐吃茶"：

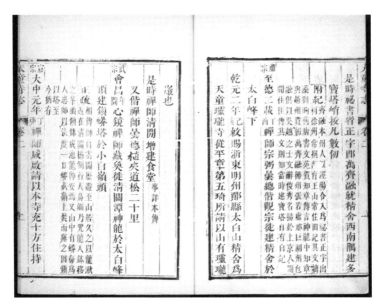

清康熙（1662—1722）刻本《天童寺志》记载，唐宣宗大中元年，禅师咸启住持天童寺，建立十方住持制

（师）问伏龙："甚处来？"

曰："伏龙来。"

师曰："还伏得龙么？"

曰："不曾伏这畜生。"

师曰："且坐吃茶。"

简大德问："学人卓卓上来，请师的的。"

师曰："我这里一屙便了，有甚么卓卓的的？"

曰："和尚怎么答话，更买草鞋行脚好！"

师曰："近前来。"

中华书局1984年版《五灯会元》书封

简近前，师曰："只如老僧怎么答，过在甚么处？"简无对。师便打。

问："如何是本来无物？"

师曰："石润元含玉，矿异自生金。"

问："如何是真常流注？"

师曰："涓滴无移。"

其中第一则大意是：伏龙寺一位僧人，到天童寺拜访咸启，一番关于有否伏龙的机锋对话之后，主人让客人"且坐吃茶"。按语意理解，当时主、客前面是放有茶盏或茶碗的，可以随意饮用。这一记载，把传统茶产区天童寺之茶禅历史远溯至唐代，而作为茶禅法语，其历史早于从谂禅师"吃茶去"法语，于茶文化历史，尤其是茶禅历史颇有意义，形成南有咸启、北有从谂之茶禅格局。

第二则机锋对话，重点是偈语"石润元含玉，矿异自生金"，该语揭示出金玉难得、人才难得之哲理。

笔者理解，咸启禅师机锋禅语有新意、有哲理，应是其载入《五灯会元》名传后世，成为一代高僧之缘由。

浙江宁海籍西泠印社副社长、海派书画家、收藏大家童衍方（号晏方）2020年立冬日书赠笔者：安享当下，且坐吃茶

"且坐吃茶"比较"吃茶去",各有妙处

　　咸启禅师于大中元年至十三年（847—859）住持天童寺,说明其住持之前,已入驻该寺,至大中十三年（859）或因年老有病,退居二线。大中十四年（860）由单名义禅师接替住持,其时咸启禅师或病或圆寂,其终老于该寺,有灵塔,笔者因此将其卒年标为约860年。

　　再看从谂禅师,各类佛教经典记载其事迹,多为唐大中十一年（857）80岁住持赵州观音院之后,尤其是禅语"吃茶去",即称为"赵州公案"。从谂谥号"真际禅师",《赵州真际禅师行状》记载其:"年至八十方住赵州城东观音院,去石桥十里已来。住持枯槁,志效古人。僧堂无前后架,施营斋食。绳床一脚折,以烧断薪用绳系之。每有别制新者,师不许也。住持四十年来,未尝赍一封书告其檀越。"这说明当时地处偏僻的赵州观音院破败不堪,生活极为艰辛,从谂作于其时的《十二时歌》即是当时生计之写照。这里引录三节:

　　　　食时辰,烟火徒劳望四邻。
　　　　馒头槌子前年别,今日思量空咽津。
　　　　持念少,嗟叹频,一百家中无善人。
　　　　来者只道觅茶吃,不得茶噇去又嗔。

　　　　禺中巳,削发谁知到如此。
　　　　无端被请作村僧,屈辱饥凄受欲死。
　　　　胡张三,黑李四,恭敬不曾生些子。
　　　　适来忽尔到门头,唯道借茶兼借纸。

　　　　日南午,茶饭轮还无定度。
　　　　行却南家到北家,果至北家不推注。
　　　　苦沙盐,大麦醋,蜀黍米饭蘸莴苣。
　　　　唯称供养不等闲,和尚道心须坚固。

其时僧人食不果腹、少有善男信女之窘迫跃然纸上。

古代经济困难，北方更甚，如此窘境，少至三五年，多则十几年，达到初成、中兴均为正常，而要名声在外，僧众慕名来访，则需更多时日。"吃茶去"公案在从谂住持赵州观音院之后，晚于咸启禅语"且坐吃茶"。

另据《景德传灯录》记载，咸启这一禅语亦记为"吃茶去"，其他唐代高僧亦有类似情况，说明"且坐吃茶""吃茶去"是可以相互转换的，均为高僧机锋对答时，止住话头之禅语。

仔细品味，"且坐吃茶"与"吃茶去"禅语各有妙处，前者有安驻当下自在闲适之意，宜于僧俗日常生活；后者所说并非真正意义之吃茶，而为断喝止念，开示人生重在感悟、顿悟、觉悟，影响深远。

台湾春勇梨山茶业制作的"且坐吃茶"宣传标识

"且坐吃茶"传播古今中外

"且坐吃茶"禅语古今中外均有传承。北宋宁波奉化雪窦寺高僧雪窦重显（980—1052），有偈语引用咸启禅语云："踏破草鞋汉，不能打得尔。且坐吃茶。"

北宋临济宗杨岐派开山祖师杨岐方会（996—1049），其语录中竟有十多处说到"且坐吃茶"，如"更不再勘，且坐吃茶""上座勘破，且坐吃茶""不得错举，且坐吃茶""败将不斩，且坐吃茶""拄杖不在，且坐吃茶""将头不猛，累及三军。且坐吃茶""实头人难得，且坐吃茶"等，看来他是以此作为口头禅了。

宋代诗人员兴宗《春日过僧舍》云：

青春了无事，挈客上伽蓝。遥指翠微树，来寻尊者庵。

不须谈九九，何必论三三。且坐吃茶去，留禅明日参。

其中，"且坐吃茶去，留禅明日参"显然是化用咸启之禅语，诗人主张当下先吃茶，参禅待明日。据不完全统计，由南宗高僧大川普济编纂的《五灯会元》，先后7次写到"且坐吃茶"。

日本茶道代表人物高僧南浦绍明（1235—1308），曾师从宁波象山籍径山寺高僧虚堂智愚9年，通晓中国佛教与茶文化。日本大灯国师宗峰妙超（1282—1337）拜其为师，初次见面，南浦绍明所说偈语便是"老来无力，且坐吃茶"。

日本当代著名僧侣画家岩崎巴人（1917—2010），作有茶文化书画《且坐喫茶》，画面上为中文"且坐喫茶"，其中"喫"为繁体字；下为一青花黑口变体瓷碗；左下有"巴人"落款钤印，为标准中国书画，古朴雅趣，喜闻乐见。如果不作介绍，很难看出是日本书画。

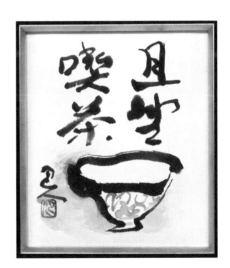

今中国台湾、厦门等地，均有茶企业以"且坐吃茶"作为商标字号或包装标识。

有感于咸启禅师"且坐吃茶"之禅语，笔者草成《咸启禅师茶禅法语感赋二章》：

日本当代著名僧侣画家岩崎巴人茶文化书画《且坐喫茶》

其　　一

天童茗事溯源长，太白山灵瑞草香。

且坐吃茶迎访客，远闻海外广弘扬。

其　　二

南有咸师北从谂，茶禅唐代两高僧。

机锋法语时空远，意趣幽深传五灯[①]。

注①："五灯"指佛教典籍《五灯会元》。

五代永明留禅语　茶堂贬剥出新意

宁波茶禅文化底蕴丰厚，源远流长。五代十国期间，明州翠岩院永明令参禅师留有禅语"茶堂里贬剥去"。该公案稍晚于"吃茶去"，两者有异曲同工之妙。

《景德传灯录》《五灯会元》记载该公案

"茶堂里贬剥去"之禅语，载于北宋《景德传灯录》卷十八、南宋《五灯会元》卷七。其中《景德传灯录》记载如下：

明州翠岩永明大师令参，湖州人也。自雪峰受记，止于翠岩，大张法席。问："不借三寸，请师道。"师曰："茶堂里贬剥去。"

问："国师三唤侍者，意旨如何？"师曰："抑逼人作么？"

问："诸余即不问。"师默之。

僧曰："如何举似于人。"师唤侍者点茶来。

这一公案大意为：永明大师，法号令参，湖州人。于明州翠岩院雪峰禅师受戒，大开法席。

有人问："不请高僧，就凭三寸不烂之舌？"师答曰："不妨去茶堂吃茶论辩，探讨切磋，咀嚼茶之滋味。"

再问："国师三次呼唤侍者，不知有何意旨？"师答曰："何必逼人太甚？！"

三问："其余不再问了。"师默认之。

有僧人问："此事该如何奉告于人？"师不言语，让侍者点茶来饮。至于如何奉告于人，由问者自己感悟吧。

其中"贬剥"之"贬"通"辩"，"剥"为去掉外皮、外表，去虚求实。

难得的是，其中"茶堂"两字透露出重要信息，说明当时翠岩院已经设立专门用于喝茶之茶堂，说明佛门对茶事之重视。而此前天童寺咸启禅师、柏林赵州从谂禅师未见茶堂之记载。

永明令参其人

令参，湖州人，《五灯会元》又记为安吉州人。生卒年未详，五代时吴越国高僧。法嗣有灵峰。住明州翠岩院，世称翠岩和尚。钱王器重其品德才学，请居杭州龙册寺，赐紫衣，尊为永明大师。

关于龙册寺，吴越国第二任国王钱元瓘存有《请建龙册寺奏》："袭爵四年，曾无显效，受凤池之真命，降龙册以双封，臣特於府城外造寺一所，前百步起楼号奉固，其寺额乞以龙册为名。"大意为钱元瓘继承世袭爵位四年之时，向后唐君主奏请，在府城外造一座龙册寺，并请君主题写寺名。龙册寺今已不存，遗址位于杭州上城区，1951年改建南山陵园。

《祖堂集》《景德传灯录》存有令参诗偈三首，其《示后学偈》云："入门须有语，不语病栖芦。应须满口道，莫教带有无。"高僧德谦作有《和翠岩和尚〈示后学偈〉》云："入门通后土，正眼密呈珠。当机如电拂，方免病迁芦。"令参作《再和》云："入门如电拂，俊士合知无。回头却问我，终是病栖芦。"

2003年异地新建之宁波翠山寺

翠岩院之兴废

据相关记载，翠岩院原址位于原鄞县今海曙区横街镇大雷村，属溪下水库库区，始建于唐朝乾宁元年（894），原名为翠岩镜明院，简称翠岩院。宋代较为兴盛，北宋大中祥符元年（1008），赐额"宝积禅院"，时为鄞县西乡之首寺。南宋嘉定四年（1211），唐朝著名诗人张籍七世孙、参知政事张孝伯，奏请为功德寺，赐额"移忠资福寺"。明洪武十五年（1382），更名为"翠山寺"，嘉靖三十五年（1556）毁于大火。此后再度重建，终因缺少高僧而没落。

20世纪70年代，翠山寺破败不堪被拆除，后因修建溪下水库，原址被列入淹没区域。2003年，有僧人在原翠山寺附近的山坡上新建翠山寺，目前粗具规模。作为异地建造之全新寺院，除了寺名以外，并无其他传承。但愿寺僧能传承、弘扬祖师永明禅师之衣钵，再出高僧。

有感于永明禅师之茶事，笔者草成《读五代明州翠岩院永明禅师禅语茶堂贬剥感赋》二章：

其　　一

茶禅常言吃茶去，茶堂贬剥出新意。
高僧大德脱凡尘，一味茶禅语不贰。

其　　二

东有天童西翠山，晚唐五代两禅关。
吃茶且坐宜安享，贬剥茶堂非等闲。

林逋闲对《茶经》忆古人

世称"梅妻鹤子"、写出著名咏梅绝句《山园小梅》的北宋隐士诗人林逋，香茗是他除梅、鹤之外的又一心爱之物，因此诗作之中常溢茶香。他存世的300余首诗作中，涉茶的有20多首，其中《茶》《西湖春日》《尝茶次寄越僧灵皎》等篇不失为著名茶诗。

林逋（967—1028），字君复。《全宋诗》等古籍载为杭州钱塘（今浙江杭州）人，但据宁波奉化《黄贤林氏宗谱》记载，林逋生于黄贤，为黄贤林氏二世祖。他写过一首《将归四明夜坐话别任君》，明白地写出了他是四明（宁波）人。还有他晚年写过一首《相思令·惜别》："吴山青，越山青，两岸青山相送迎，谁知离别情……"很多人将这首小令理解为情诗，以为他年轻时有过一段刻骨铭心、至死难忘的爱情，其实解释为他对故乡的怀念就顺理成章了——家乡奉化古代属于越地。据宗谱记载，他的族兄之子过继他为养子，伴他终老。宋仁宗天圣六年（1028）去世，享年62岁。他的三兄林环之孙林彰（朝散大夫）和林彬（盈州令），同至钱塘治丧尽礼。

元至正十年（1350），林逋第7代族人林净因东渡日本，在古都奈良经营馒头店，因其品质上乘，日本大将军足利义政曾为其后人题写"日本馒头第一所"。日本食品协会在奈良设有"馒头林神社碑"。1993年以来，林净因第34代后裔、日本林氏馒头继承人川岛英子，多次到奉化黄贤村寻根问祖，并到杭州祭奠先贤林逋。

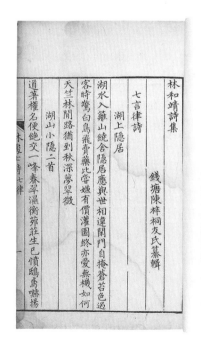

林逋画像与清代刻本《林和靖诗集》书影

林逋少孤力学，恬淡好古，初游江淮间，后隐居并终老于西湖孤山，20年不入城市，赏梅养鹤，终身不仕，也不婚娶。善行书，工于诗。宋真宗闻其名，曾赐粟帛，并赐"和靖处士"号。仁宗赐谥和靖先生，因此又称林和靖。其诗风格淡远，内容大都反映隐逸生活和闲适心情。诗作大多散佚，存世的《林和靖诗集》，据称仅为其所作"十之一二而已"。

陆羽《茶经》伴山居

石辗轻飞瑟瑟尘，乳花烹出建溪春。

世间绝品人难识，闲对茶经忆古人。

宋代是建茶崛起之时，林逋的这首《茶》诗，是咏建茶的代表作之一。首句点出了宋代饼茶的特征，第二句"乳花"描述了宋代的点茶法。三、四句赞美建茶为世间绝品，可惜茶圣陆羽不识此茶，诗人因此会在闲暇之时面对《茶经》发出感叹。明万历本《林和靖诗集》还在末句注云："陆羽撰《茶经》而不载建溪者，意其颇有遗落耳。"这是对陆羽的误解，因为建茶在唐代尚未名世。实际上，陆羽在《茶经·八之出》结尾处还是笼统地提到建茶的："其思、播、费、夷、鄂、袁、吉、福、建、韶、象十一州未详，往往得之，其味极佳。"这样记载偶尔得之又不是很有名气的建茶，应该说还是比较客观的。

"闲对茶经忆古人"是茶诗中不多的名句之一，除了表达感叹之意，也可理解为诗人对陆羽撰写《茶经》的无限怀想，怀念他对中国茶文化的巨大贡献，引发无穷遐想。并且诗中有画，诗中有文，常常被画家和作家用作茶画和茶文标题。

这首诗是诗人的组诗之一，《茶》只是小标题，主标题为《监郡吴殿丞惠以笔、墨、建茶，各吟一绝谢之》。与卢仝著名的《走笔谢孟谏议寄新茶》一样，也是好友惠茶引发了诗人的诗兴，可见茶和友情是引发诗兴的灵丹妙药。

清代华岩描绘林逋"山园小梅""梅妻鹤子"意境的《探梅图》（左）
《梅鹤图》（右）

"闲对茶经"说明《茶经》是林逋的藏书之一。在另一首《深居杂兴六首之二》中，诗人也写到了《茶经》："花月病怀看酒谱，云萝幽信寄茶经。"有《茶经》相伴，诗人因此能写出这首著名茶诗。

寺院"茶鼓"载茶诗

唐宋时代，寺院盛行饮茶，上规模的寺院大多设有供僧人喝茶的茶堂或茶寮，僧人们可以一边喝茶，一边讨论佛经，切磋禅道。寺院内演说佛法的场所称"法堂"。法堂设有二鼓，位于东北角的称"法鼓"，位于西北角的称"茶鼓"，或称左钟右鼓。茶鼓专门用于召集僧众饮茶所用，在唐代高僧怀海（720—814）主持制订的《百丈清规·法器》中即有记载："茶鼓：长击一通，侍司主之。"可见当时寺院饮茶风气之盛。可以说茶鼓是佛教崇茶的一种重要信据。

林逋《孤山雪中写望》诗帖

今日寺院已难觅茶鼓，除了《百丈清规》等佛教典籍，人们只有在一些古诗文中找到它的踪迹，其中较早记载寺院茶鼓的有林逋的著名诗篇——《西湖春日》：

> 争得才如杜牧之，试来湖上辄题诗。
> 春烟寺院敲茶鼓，夕照楼台卓酒旗。
> 浓吐杂芳熏巘崿，湿飞双翠破涟漪。
> 人间幸有蓑兼笠，且上渔舟作钓师。

诗句记载了当时西湖周边寺院设有茶鼓的史实。

需要说明的是，该诗在《全宋诗》中又同时载为王安国诗。笔者以为，根据林逋长期隐居西湖和经常与佛门僧人交往的特点，如他的"高僧拂经榻，茶话到黄昏"（《盱眙山寺》）"瘦鹤独随行药后，高僧相对试茶间"（《林间石》）等很多诗篇，都写到僧人饮茶，说明他对这方面非常熟悉。而王安国并没有在杭州做官或定居的记载，至多只是客居杭州。此外，他也少有僧佛诗作。因此，很多茶文化作者将《西湖春日》归在林逋名下。

近代安徽建德（今东至）籍实业巨头、北洋财长周学熙（1865—1947），也在《茶鼓》诗中记载了西湖周边寺院的茶鼓声：

> 灵鹫山前第几峰，通通茶鼓暮烟浓。
>
> 西湖不少僧行脚，误急归心饭后钟。

这说明晚清民国时期，杭州寺院仍有茶鼓的史实。

苏轼高度赞扬林逋诗、书及人品

首记西湖白云茶

据专家研究，始于明而盛于清的杭州西湖龙井茶，其前身就是西湖周边的寺院茶，唐代即为陆羽《茶经》记载的天竺茶、灵隐茶，宋代还有白云、宝林等寺院出产的白云茶、宝林茶、香林茶。说起白云茶，人们大多首推林逋的茶诗——《尝茶次寄越僧灵皎》：

> 白云峰下两枪新，腻绿长鲜谷雨春。
>
> 静试恰如湖上雪，对尝兼忆剡中人。
>
> 瓶悬金粉师应有，箸点琼花我自珍。
>
> 清话几时搔首后，愿和松色劝三巡。

白云茶产于白云峰下。南宋《淳祐临安志》记载："白云峰，上天竺山后最高处，谓之白云峰，于是寺僧建堂其下，谓之白云堂。山中出茶，因谓之白云茶。"可见堂、茶皆以山而名。

白云茶品质优异，在北宋就与香林茶、宝林茶同列为朝廷贡品。稍晚的南宋《咸淳临安志》记载："岁贡，见旧志载，钱塘宝云庵产者名'宝云茶'，下天竺香林洞产者名'香林茶'，上天竺白云峰产者名'白云茶'。"

从林逋的诗句来看，茶芽如旗枪挺秀的白云茶，为绿色散茶，一般谷雨前后采摘。冲点之后汤沫如湖上积雪，似琼花绽放，茶过三巡，色犹未尽，可与建溪茶媲美，不失为宋代盛行点茶的上好之品。

白云堂今已不存，白云茶也早已失传。据《杭州上天竺讲寺志》记载，到了明代，白云茶已"今久不种"了。今白云峰下尚存白居易、范仲淹等名人大家在诗文中提到的白云泉（白云池）遗址，附近还有3亩[①]左右丛式老茶园，可以说是龙井茶的"老祖宗"吧。

雪窦重显诗颂说茶禅

位于国家ＡＡＡＡＡ级风景区的浙江奉化雪窦山风景区中心的雪窦寺，全称雪窦山资圣禅寺，创于晋，兴于唐，盛于宋，至今已有1 700余年，在佛教史上居于重要地位。南宋时被定为"五山十刹"之一，明时被列入"天下禅宗十刹五院"。民国"四大高僧"之一、雪窦寺住持太虚，始倡建设佛教第五名山。1987年，中国佛教协会赵朴初会

---

① 亩为非法定计量单位。15亩＝1公顷。——编者注

长视察雪窦寺曾寄语：雪窦乃弥勒应化之地，殿内建筑应有别于他寺，独建弥勒殿。如今该寺高33米的青铜弥勒坐像、弥勒殿内供奉的2.48吨翡翠弥勒，均为世界之最。今称雪窦寺为五大名山之弥勒道场。

雪窦寺历代高僧辈出，尤以宋代以寺为号的雪窦重显明觉大师最为著名。

雪窦重显（980—1052），云门宗第四世，有"云门宗中兴之祖"之称。俗姓李氏，字隐之，北宋遂州（今四川省遂宁市）人。一生担任住持31年，其中住持雪窦寺长达29年，塔在寺之西南。在世时经多位朝臣奏请，仁宗皇帝先赐其紫衣，继敕明觉大师之号，荣耀一时。著有《洞庭语录》《雪窦开堂录》《瀑泉集》《祖英集》《颂古集》《拈古集》《雪窦后录》等，后人集成《明觉禅师语录六卷》。其《颂古一百则》为禅宗名著，享誉海内外佛教界，闻名遐迩。

雪窦重显画像

茶禅诗篇蕴禅理

宁波系茶禅东传之窗口，就茶禅文化来说，首推天童寺高僧，宋代以后曾有多位高僧赴日本传播佛学和茶禅文化。其次则为重显，《全宋诗》收有其多首诗作，有四首为受赠、馈赠茶诗，其中三首与两位明州知府相关，足见其高僧之显赫地位，为宁波茶文化之最。

重显最著名茶诗为《谢鲍学士惠腊茶》：

丛卉乘春独让灵，建溪从此振嘉声。

使君分赐深深意，曾敌禅曹万虑清。

诗题中鲍学士系当时明州（今宁波）知府鲍亚之，康定元年（1040）知明州。腊茶为建茶之一种，宋代建茶最为著名，诗中"建溪"与"腊茶"对应,"使君"亦指鲍知府,"禅曹"即禅僧。末句为诗眼,意为僧人修行、坐禅,多赖茶饮启迪禅机,除虑去病,驱除睡魔。"万虑清"极言茶之神功,夸张中蕴涵禅理。

除了鲍知府,重显与另一位明州知府郎简,留有两首受赠、馈赠茶诗,其一为《谢郎给事送建茗》:

> 陆羽仙经不易夸,诗家珍重寄禅家。
>
> 松根石上春光里,瀑水烹来斗百花。

郎给事即郎简,宋代给事中一般为四品,与知府地位相合。郎知府送的也是建茶,而非当时越州名茶绍兴日铸、台州名茶宁海茶山茶,足见当时官府以建茶为重。"诗家珍重寄禅家",表达了对知府赠茶的感激之情。"瀑水烹来斗百花",则写出了雪窦寺周边多溪流瀑布之特色。宋代盛行"茶百戏",重显认为"茶百戏"可与百花媲美。

雪窦重显彩色画像

另一首为重显赠送当地山茶给郎知府——《送山茶上知府郎给事》:

> 谷雨前收献至公,不争春力避芳丛。
>
> 烟开曾入深深坞,百万枪旗在下风。

重显将当地所产谷雨前茶献给明州最高长官郎知府,"至公"原为极公平之意,此处可理解为双关语,并说明这是从雪窦深山开春采得的好茶。"下风"为谦辞,如甘拜下风,与开头"至公"对应。

古代举人以上出身知县、知府多是饱学之士,士大夫间多有诗文唱酬,如上述明州两任知府,均为宋代名人,其中郎简官至刑部侍郎。重显寄诗于两任知府,相信他们有回赠之作,可惜未见记载,否则当为极好茶文化史料。

重显另有《送新茶》二首记述茶事:

元化功深陆羽知，雨前微露见枪旗。

收来献佛余堪惜，不寄诗家复寄谁。

乘春雀舌占高名，龙麝相资笑解醒。

莫讶山家少为送，郑都官谓草中英。

该诗第二次写到茶圣陆羽，说明作者对其人其事之了解和看重。诗中写到新茶是送给"诗家"的，虽然前诗将鲍知府比为诗家，但从"莫讶山家少为送"句来看，应该不是送给官家，一般送给官家会用敬语，此语则表示为送给诗友或善诗之僧友。"雀舌""龙麝""草中英"，极言茶品之精细、清香。"郑都官"即宋代都官郎中郑谷。其实"草中英"并非出自郑谷诗作，而是出自五代郑遨或郑邀之作《茶诗》："嫩芽香且灵，吾谓草中英。"此乃重显引典之误。

上海古籍出版社2016年版《雪窦重显禅师集》书封

其五言诗《和颂》另有茶句："顾我不争衡，与谁闲斗茗。"

"茶铫"公案内涵丰

重显《颂古一百则》在佛教界享有较高声誉，并收入《全宋诗》，其中第四十九则以茶事为内容，即著名的"明招茶铫"公案：

王太傅入招庆煎茶，时朗上座与明招把铫，朗翻却茶铫。太傅见，问："上座，茶炉下是什么？"朗云："捧炉神。"太傅云："既是捧炉神，为什么翻却茶铫？"朗云："仕官千日，失在一朝。"太傅拂袖便去。明招云："朗上座吃却招庆饭了，却去江外打野榸。”朗云：“和尚作么生？”招云：“非人得其便。”师云：“当时但踏倒茶炉。”颂云：

来问若成风，应机非善巧。

堪悲独眼龙，曾未呈牙爪。

牙爪开，生云雷，逆水之波经几回。

该公案发生在五代十国期间，地点在泉州招庆寺。招庆寺由刺史王延彬于（886—930）唐朝天佑年间（905—907）所建，多有高僧释子出入其间，尤其是一代高僧释静、释筠、释省僜，以著述《祖堂集》而名重禅林。该寺已废，遗址在今国家级风景名胜区清源山弥陀岩南麓。

宋代高僧圆悟克勤（1063—1135）《碧岩录·卷第五·第四十八则》，对"明招茶銚"公案作有详解，内涵丰富。

该公案大意为，某日，好文崇佛的王太傅——刺史王延彬到招庆寺与高僧喝茶，司茶僧朗上座（慧朗禅师）不慎把茶銚打翻了。王太傅见状问朗上座："茶炉下面是什么？""是捧炉神。""既然有捧炉神，怎么还弄翻了呢？"朗上座答道："高官千日，也难免一朝丢官免职，这道理是一样的。"王太傅拂袖而去。明招说道："上座啊，你吃的是招庆的饭，干吗不向正处行，却向外边走！"朗上座问："那和尚你应该怎么说？"明招答："我会说这不是人为的，是捧炉神瞅着空子给弄翻的。"

明招即明招德谦禅师，唐末五代禅僧，浙江义乌人，生卒年不详，12岁出家修身，曾居智者寺第一座，后赴武义明招寺讲法四十年，禅宗史上称其为"婺州明招德谦禅师"。

华夏出版社2009年版《碧岩录》书封

重显认为当时最好的应对，就是把茶炉也踢倒在地。他以偈颂评说：王太傅所问不失为话头高手，似运斤成风，熟练高超；朗上座虽应其机，回答也很奇特，却缺乏善巧方便，没有拿云攫雾的手段；朗上座粘皮着骨。两人所用都为死句，以今日之语即为把天聊死了，所以感叹他们只是一只眼的独眼龙，若想见到活处，便是踏倒茶炉。

偈颂通过来问成风与应非善巧，说明独眼龙未呈牙爪，难免溺于死水；明眼龙则能施呈牙爪，吞云吐雾，劈波斩浪，别开生面。生动地描绘出粘皮着骨和大用无方两种应机境界。

《碧岩录》评说："王太傅与朗上座，如此话会不一，雪窦末后却道：'当时但与踏倒茶炉。'明招虽是如此，终不如雪窦。""朗上座与明招语句似死，若要见活处，但看雪窦踏倒茶炉。"

高僧之偈颂，多有玄机，有所指或无所指，多凭意会而难以言传。

《明觉禅师语录·卷二》载有其另一偈语："踏破草鞋汉，不能打得尔。且坐吃茶。"

宋代寺院盛行茶筵（茶宴），从《明觉禅师语录》中可见一斑，其中多处记载多处寺院有茶筵或以茶筵接风，如卷一记载："师（指明觉禅师，下同）在灵隐，诸院尊宿。茶筵日，众请升座。""师到秀州（治所今嘉兴），百万道者备茶筵，请升堂。""越州（治所今绍兴）檀越备茶筵，请师升座。"这说明当时寺院茶筵之盛。

据笔者初步检索，《明觉禅师语录》中，与茶相关的达20多条，限于篇幅，在此不一一赘述。

笔者草成《读雪窦重显偈颂感赋》：

赋诗作颂喜清饮，两任知州缘遇深。

茗事诸多编语录，茶铫公案见禅心。

虚堂智愚、南浦绍明师徒对日本茶道影响深远

宋代杭州径山兴圣万寿寺（简称径山寺）盛行茶宴，被当时来中国学佛的日本高僧传入日本演变为日本茶道，径山寺因此被中、日茶界誉为"日本茶道之源"。将径山寺茶宴传入日本的，主要有两位日本高僧，一位是圆尔辨圆（1202—1280），宋端平二年（1235）从明州入宋，1241年回国，师从径山寺34代住持无准师范。另一位是南浦绍明，1259年入宋，1267年回国，先后9年师从临安府净慈寺、径山兴圣万寿寺住持——宁波象山籍高僧虚堂智愚禅师。

象山第一文化名人

智愚（1185—1269），号虚堂，俗姓陈，四明（今宁波）象山人。16岁依近邑之普明寺僧师蕴出家。先后在奉化雪窦寺、镇江金山寺、

虚堂大字墨迹：凌霄。书于咸淳二年（1266）十二月，时82岁，藏日本京都大德寺

（引自胡建明著、西泠印社2011年版《宋代高僧墨迹研究》第240页）

嘉兴兴圣寺、报恩光孝寺、庆元府（宁波）显孝寺、婺州云黄山宝林寺、庆元府（宁波）阿育王山广利寺、临安府净慈寺等地修行、住持。度宗咸淳元年（1265）秋，奉御旨迁径山兴圣万寿寺，为该寺第40代住持。五年（1269）卒，年85。有《虚堂智愚禅师语录》十卷，收入《续藏经》，集录虚堂智愚的法语，其中诗、赞、偈颂500多首。

咸淳十年（1274）十月十一日，庆元府清凉禅寺住持法云禅师撰有《虚堂智愚禅师行状》。据记载，虚堂出世颇有传奇色彩。其家一里许有普明寺，一次，其祖请风水先生到附近山上卜择坟地，相者说，此地高则荫子孙富盛，低则当出异僧。因祖父是佛教徒，表示愿意出一位僧人。祖父逝世数年后，其母郑氏梦见一老僧来家乞饭，后怀孕生下虚堂，16岁依普明寺僧师蕴出家。

虚堂自赞顶相之一（绢本着色，长106厘米，宽51.5厘米，藏日本妙心寺）

就宁波本土高僧来说，在海内外茶道界影响最大的高僧，则首推虚堂智愚：一是《虚堂智愚禅师语录》为临济宗的重要语录，具有较高的佛学和文学造诣，所作赞、偈颂机智幽默，禅机哲理寓于其中；二是其书法造诣极高，为历代具有书法成就的高僧之一，其东传日本的18种宝像、墨迹，均被尊为日本国宝或重要文物，在日本僧俗举行的茶道会上，常被作为茶挂展示。

日本妙心寺、大德寺藏有两种虚堂自赞顶相，其中妙心寺所藏顶相，为虚堂弟子本立藏主，于宝祐六年（1258）请画师为老师画像并请题赞，时年虚堂74岁，住持明州（今宁波）阿育王寺。画中虚堂手握黑色警策，盘腿端坐在曲录椅子上，踏台上平放着僧靴一双。前额光秃，留有鬓发，大鼻和颌下留着胡须。其自赞云：

　　　春山万叠，秋水一痕。凛然风彩，何处求真。

　　　大方出没兮全生全杀，丛林俳俳兮独角一麟。

　　　　本立藏主绘老僧陋质请赞。宝祐戊午（1258）三月，虚堂叟智愚书于育王明月堂。

此墨迹沉着凝练，表现出苏轼、黄庭坚两家之书法特征，是虚堂晚年墨迹代表作之一。

虚堂无疑是象山史上首屈一指的文化名人。

异国忘年交师徒情深

南浦绍明（1235—1308），日本静冈人。幼时出家，师从中国四川籍东渡高僧兰溪道隆（1213—1278）。南宋开庆元年（1259），入宋求学，拜净慈寺虚堂智愚为师。咸淳元年（1265），虚堂转持径山兴圣万寿寺，绍明随师至径山继续学佛，同时学习种茶、制茶及径山茶宴礼仪等，茶事经验极为丰富。他先后在净慈寺、兴圣万寿寺9年，咸淳三年（1267）33岁时回日本，致力弘扬径山宗风，开创日本禅宗二十四流中的大应派。谥号"圆通大应国师""大应国师"。著有《大应国师语录》三卷。

虚堂与绍明相差50岁，师徒情深，为难得之异国忘年交。

虚堂自赞顶相之二
（绢本，长156.5厘米，宽71厘米，藏日本大德寺）

（引自《宋代高僧墨迹研究》第214页）

咸淳元年，绍明回国之前，恰逢虚堂80周岁，绍明请画师绘制了虚堂寿像，并请尊师题赞，虚堂为之赞云：

绍既明白，语不失宗。手头簸弄，金圈栗蓬。

大唐国里无人会，又却乘流过海东。

绍明知客相从滋久，忽起还乡之兴，绘老僧陋质请赞。

时咸淳改元夏六月，奉敕住持大宋净慈虚堂叟智愚书。

咸淳三年（1267）丁卯秋，南浦绍明辞别虚堂回归日本时，虚堂又作《赠南浦绍明》一偈：

门庭敲磕细揣摩，路头尽处再经过。

明明说与虚堂叟，东海儿孙日转多。

南浦绍明把诸多茶道具、茶书带到日本

如果说圆尔辨圆作为径山寺茶宴传入日本的始祖受到尊敬，那么绍明则带去了茶道具、茶文献而更被人关注，促进了日本茶道的兴起与发展。

绍明回国时，不仅带去了径山寺的茶种和种茶、制茶技术，同时传去了以茶供佛、待客、茶会、茶宴等饮茶习俗和仪式，虚堂还送他茶台子、茶道具以及很多茶书。据日本《类聚名物考》记载："茶道之初，在正元（1259—1260）中，筑前崇福寺开山，南浦绍明由宋传入。"日本《本朝高僧传》记载："南浦绍明由宋归国，把茶台子、茶道具一式带到崇福寺。"日本《虚堂智愚禅师考》也载："南浦绍明从径山把中国的茶台子、茶典七部传来日本。茶典中有《茶堂清规》三卷。"

2006年3月22日，前来参加宁波海上茶路研讨会的日本茶道协会会长仓泽行洋，曾专程前往径山寺，查找有关此事的历史记载或实物，可惜由于年代久远，既找不到历史记载，也没有茶台子实物。

南浦绍明手书"吃茶"

虚堂对弟子绍明乃至日本茶道的影响，是全方位的。除了完整的制茶工具和茶具、茶礼仪规、品饮方式，最重要的还是从茶与禅的角度，使其领会了茶禅之真谛。

虚堂墨迹国内尚未发现，东传日本的有18种保存至今

虚堂善书，在历代高僧书法家中自成一体。书家认为其书法气韵清美，法度精严。既借鉴、融汇历代包括当时书法大家苏轼、黄庭坚等多人书风，又自成一家，雄浑中蕴涵秀妍之美和平穆之风。

虚堂在世时留有大量墨迹。据《径山志》记载，受高丽（今朝鲜半岛）邀请，虚堂曾前往传教8年，也会留下墨迹。遗憾的是，目前国内及虚堂曾经弘法8年的朝鲜半岛，尚未发现其墨迹。有幸当时日本来华各界人士，曾广泛搜罗虚堂墨迹，先后有36件东传日本。感谢日本对文物的珍视，保存至今并确认的有18种，另有1种藏在福冈市美术馆的五言诗尚待确认。这些墨迹，使今人得以欣赏虚堂精美的书法艺术。

18种墨迹中，有13种被定为日本国宝级或重要文化遗产。被定为国宝级的2种：《述怀偈语》（又名《破扎虚堂》《与无象静照偈》，藏东京国立博物馆）；《达摩忌拈香语》（藏京都大德寺）。定为重要文化遗产的11种：《与悟翁禅师尺牍》（藏东京国立博物馆）；《与复道者偈》（藏东京国立博物馆）；《就明书怀偈》（藏东京静嘉堂文库美术馆）；《为李季三书普说偈》（又名《景酉至节偈》，藏东京静嘉堂文库美术馆）；《与殿元学士

胡建明著、西泠印社2011年版
《宋代高僧墨迹研究》

（该书由宁波七塔寺资助出版，其中40页介绍虚堂东传日本墨迹数种）

尺牍》（藏京都大德寺）；《与无象静照法语》（藏兵库市个人）；《与徐迪公偈》（藏大阪正木美术馆）；《与尊契禅师尺牍》（藏东京市个人）；《和韵无极法兄和尚偈颂二首》（藏东京五岛美术馆）；《与惟达送行偈》（藏名古屋德川美术馆）；《与阅禅者偈》（藏东京畠山博物馆）。

另有2种《自赞顶相》以及《虎丘十咏》（藏静冈市MOA美术馆）、《"瑞岭""宝树"两幅大字》（藏大阪藤田美术馆）、《"凌霄"大字》（藏日本京都大德寺）为普通文物。

在日本茶道界，最为著名的虚堂墨迹为《述怀偈语》。该墨迹由虚堂书赠日本僧人无象静照（1234—1306），又名《与无象静照偈》。无象静照于南宋宝祐元年（1253）入宋，曾在明州（今宁波）阿育王寺随虚堂学法，咸淳元年（1265）东归。其归国之前请虚堂题词，虚堂以五言诗述怀题赠：

世路多峨险，无思不研穷。平生见诸老，今日自成翁。

认字眼犹绽，交谭耳尚聋。信天行直道，休问马牛风。

日本照禅者欲得数字，径以述怀赠之。虚堂叟智愚书。

文后有朱文三印，分别为小方印"智愚"，长方印"息耕叟"，粗框方印"虚堂"。

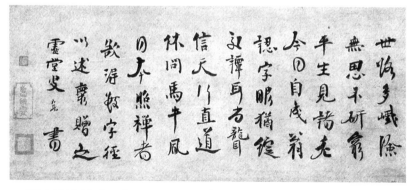

《述怀偈语》（又名《破扎虚堂》）被尊为日本国宝（纸本，行书，28.5厘米×70.0厘米，藏日本东京国立博物馆）

（引自《宋代高僧墨迹研究》第227页）

文中"照禅者"指学习禅宗的和尚，即无象静照。

据日本相关记载，《述怀偈语》曾多次出现在日本重要茶会上，最初见于弘治三年（1557）四月藤五郎主办的茶会，载于大文字屋茶道书《松屋会记》；此后，又在藤五郎后代举办的重要茶会中多次出现，《松屋会记》还详细记述了该墨迹的内容及装裱等情况。

《述怀偈语》曾由堺市富商兼茶道家武野绍鸥珍藏，后为京都富商大文字屋所得。日本宽永十四年（1637），大文字屋家里一位叫八兵卫的用人，因对主人不满，躲藏到书库里，肆意破坏诸多藏品，包括《述怀偈语》也被他撕成两半，用人也因此畏罪自杀。这便是其又名《破扎虚堂》之由来。该墨迹后来流转到茶道家松江藩主云州松平手上，现藏日本东京国立博物馆。

另一幅有故事的虚堂墨迹是《为李季三书普说偈》，又名《景酉至节偈》。该墨迹作于景定二年辛酉（1261）冬至，时虚堂77岁，住持柏岩慧照寺。当时江北一位信徒李季三（字省元），请虚堂为亡母超度佛事升座说法，虚堂为之作偈云：

> 江北李季三省元，为母登山设冥，请普说。升座举佛在王舍城中，舍利弗入城见月上女出城公案，辄成一颂，以资冥福：
>
> 相逢摆手上高峰，四顾寥寥天宇空。
>
> 一曲渔歌人不会，芦花吹起渡头风。
>
> 景酉至节虚堂智愚书

该墨迹附有大德寺第156代住持江月宗玩（1573—1643）的附文，记述了室町时代后半期，大德寺76代住持大圣国师古岳宗亘（1465—1548），曾携弟子普通国师大林宗套（1480—1568）等，去访大阪堺市居士宗显时，在其家看到了此幅墨迹，于是与弟子们即时作了富有情趣之禅语问答：

> 老僧携诸衲过宗显居士，幽斋壁挂一轴，有吾虚堂先师述以彼笔之四句颂。其三四云：一曲渔歌人不会，芦花吹起渡头风。如何是不会底？

一僧云：芦花吹起渡头风。套

一僧云：月白风清。椿

一僧云：柳绿花红。圆

一僧云：和风搭在玉栏干。锯

一禅人云：当头霜夜月，任运落前溪。显

一禅人云：桃花笑春风。薰

一僧云：问取白鸥。格

师曰：此中一僧有道得底。如何此道得底一句？僧不契。

师曰：芦花吹起渡头风。僧云：毕竟如何会去？师曰：曲终人不见，江上数峰青。

经过古岳宗亘等僧人、居士解读演绎，该偈语由此成为一桩公案。

该墨迹原藏于堺市宗显居士家，后流转到仙台藩主伊达家，现藏东京静嘉堂文库美术馆。

一休宗纯尊崇虚堂留墨迹

虚堂得到了日本茶人、僧人的广泛敬仰。中国人所熟悉的一休宗纯和尚自称是他的第7代法孙，并希望超越他，临终时他作了这样一首遗偈：

一休宗纯遗偈书法

（引自《宋代高僧墨迹研究》第245页）

> 须弥南畔，谁会我禅。
>
> 虚堂来也，不值半钱。

其大意为：在须弥山这样广大的世界里，有谁能够领会我的禅意呢？即使是虚堂再世，也没有办法，在我面前也是一文不值。字里行间能读出其怀才不遇、自负轻狂之个性。

茶禅相通《憨憨泉》 松根雪水烹新茶

虚堂爱茶，《虚堂智愚禅师语录》载有颇多佛门茶事，并有多首茶诗。其中《虎丘十咏·憨憨泉》，以虎丘憨泉之源头活水，借喻禅宗之源流，茶禅相通为饮茶之至高境界。并盛赞憨憨泉水至清至好，如果陆羽有知，断不会四处寻泉访水了：

> 憨泉一掬清无底，暗与曹溪正脉通。
>
> 陆羽若教知此味，定应天下水无功。

《谢芝峰交承惠茶》则写到用松根雪水和松根烹煮新茶，为笔者未曾阅览到的风雅茶事：

> 拣芽芳字出山南，真味哪容取次参。
>
> 曾向松根烹瀑雪，至今齿颊尚余甘。

其大意为：一位名为芝峰交承的禅师，馈赠虚堂一些天目山之南的上好新茶，虚堂写了这首诗致谢。天目山茶久负盛名，禅师上山采来芳茶，又亲自制作，茶香中还浸润着浓浓的友情，其真味当然是无可置疑的。佳茗得须好水烹，去年曾存储积于松根之雪，今取出再以松根烹之，这样的茶水，神仙也要垂涎了。品尝虽然已过数天，依然齿颊留香，令人难忘。

另一首《茶寄楼司令》，则是智愚向一位楼姓司令送茶：

> 暖风雀舌闹芳丛，出焙封题献至公。
>
> 梅麓自来调鼎手，暂时勺水听松风。

《贺契师庵居》记载一位被虚堂尊为契帅之庵居：

正席云山万象回，道人青眼为谁开。

呼童放竹浇花外，修整茶炉待客来。

白云青山，气象万千，煮茶待客，品茶品禅；庵中老衲，地上行仙。

2018年10月26日，笔者在"径山——日本茶道之源"国际学术研讨会上演讲（杨韵华 摄）

结语：虚堂智愚与异国师徒对日本茶道影响深远

综上所述，虚堂智愚与南浦绍明这对中日高僧师徒，对日本佛教，尤其是日本茶道界，影响巨大。南浦绍明学成回国，不仅传经布道，还带去茶种和种茶、制茶技术等，同时传去了以茶供佛、待客、茶会、茶宴等饮茶习惯和仪式，以及茶禅一味之真谛。而传到日本的《虚堂自赞顶相》《述怀偈语》（又名《破扎虚堂》）等宝像墨迹，又为日本佛教和茶道界所器重。这些都对日本茶道的发展，产生了深远影响，具有里程碑意义。

王琏 "撤茶太守" 传美名

在古今廉政故事中，人们常常提到 "撤茶太守" 的典故。"撤茶太守" 是明代宁波知府王琏的美誉。

王琏，字器之，昌邑（今山东日照）人。明代廉吏。自幼好学，博通经史，尤其对《春秋》很有研究。酷爱金石与朴学，好书法。早年当过教授，因被罪事牵连，流放外地数年。洪武末年（1397年前后），以贤能被任命为宁波知府。

客来备茶，历来是中国民间和官场的习俗。旧时官场，主、客一番礼节性的寒暄之后，如主人以为没什么感兴趣的话题，便会端茶请饮，意在表示送客，客当会意而辞去。如客人不受欢迎，主人则会让仆人 "撤茶"，则是逐客的信号。

王琏为官正直，从不谋私。明代朱国祯笔记小说《涌幢小品》，记有王琏因拒绝幕僚说情而 "撤茶" 之事：

> 王琏，昌邑人，洪武初（笔者注：应为洪武末）为宁波知府。有给事来谒，具茶。给事为客居间，公大呼："撤去！" 给事惭而退。因号 "撤茶太守"。

其大致意思是：某日，一位负责监察、文书等事务的给事中前来拜访王琏，目的是来充当说客，为某某说情，王琏大为不悦。此时仆人正送上茶来，他便

新文化书社1935年版《涌幢小品》书封

大声喝道："撤下去，不必上茶了！"那位给事中非常惭愧，只得尴尬告退。消息传出以后，人们便称他为"撤茶太守"。郡守、太守、刺史、知府均为不同时代，对州、郡最高行政长官的官职或尊称，明、清专称知府。

据《明史》记载，除了"撤茶太守"的美名，王珣在宁波还留有"埋羹太守""四更诵读"等典故。

王珣幼年家境贫寒，曾经有过一段吃草根、树皮的生活。出任知府以后，他仍然坚持节衣缩食，粗茶淡饭。一天，夫人给他做了一碗鱼羹，让他补养身体。王珣没有吃，他对妻子说："你难道忘掉我吃草根的时候了吗？"于是，他让妻子将鱼羹撤下去，端到外面埋掉了。宁波地处东海之滨，古今吃鱼都是家常便饭，他这种近乎苛刻的做法，在于时时提醒自己，为官不能奢侈。消息传出以后，当地人肃然起敬，又称他为"埋羹太守"。

"撤茶太守""埋羹太守"由此便成了为官清廉、正直无私的象征。

位于宁波府桥街的督学行署，系清政府浙江学政在甬驻地，1998年在原址重建，内设"福荫儒学"记事碑，距《宁波府署遗址》碑西侧100多米

王珣好学，每日四更（凌晨1—3时）即入堂"秉烛读书，声彻署外"。处理公务余暇，还经常抽空到学校为学生授课。在他的影响下，

学生都不敢懈怠，四更开始读书诵习。

试想一下，每天凌晨2时左右，知府王琏与府学学生即开始晨读，书声琅琅响彻夜空，此起彼伏，该是何等美妙的景象啊！虽然当下不提倡"四更诵读"，但王知府的勤读好学精神，一定影响过当时及后世甬城的读书之风。

建文四年（1402），朱元璋四子燕王朱棣推翻侄儿惠帝朱允炆篡位。朱棣大军临近长江时，王琏决心保卫惠帝，急忙赶造战船，以参加南京保卫战。然而船未造好，朱棣已夺取政权，继位为明成祖。王琏对抗燕王，被卫卒缚捕押送到南京。朱棣亲自审问王琏："造舟何为？"王琏大义凛然，如实对曰："欲泛海趋瓜洲，阻师南渡耳。"可能是王琏清廉有名，竟被杀人如麻的朱棣意外不罪，仅被罢官放还故里。

王琏回故里后，继续研究《春秋》与书法金石，得以善终。

屠隆钟爱龙井茶

《龙井茶歌》堪称最

西湖龙井茶历史悠久，享誉古今中外，诗文荟萃。据专家、学者考证，最早将龙井茶写入诗文的是元代文学家虞集的五言诗《次邓文原游龙井》，而赞美龙井茶最长的诗歌，则属明代明州（宁波）文学家屠隆的《龙井茶歌》。2004年，在杭州龙井寺旧址附近发掘出屠隆手书的《龙井茶歌》古碑，落款为万历甲午年（1594）秋七月，书风洒脱，结构严谨，用笔遒劲，点画精妙，诗书双美，茶香书香融为一体，成为探访龙井和龙井茶历史文脉不可多得的文物。

屠隆画像

　　屠隆（1543—1605），明代戏曲家、文学家。字长卿，又字纬
真，号赤水，别号由拳山人、一衲道人、蓬莱仙客，晚年又号鸿苞居
士。据《甬上屠氏宗谱》记载，其生于明嘉靖二十二年（1543）六月
二十五日申时，卒于万历三十三年（1605）八月二十五日辰时，享年
63岁。宁波鄞县（今宁波市海曙区）人。万历五年（1577）进士，才
华横溢，落笔数千言立就，与胡应麟等并称"明末五子"。曾任颍上
知县，转为青浦令，后迁礼部主事、郎中。为官清正，关心民瘼。作
《荒政考》，写百姓灾伤困厄之苦。万历十二年（1584）蒙受诬陷罢官，
路过青浦时，当地人曾捐田千亩请他安家，被谢绝。为人豪放好客，
纵情诗酒，结交多为海内名士。博学多才，诗文、戏曲、书画造诣皆
深，尤精戏曲，有多种剧本、著作传世。晚年以卖文为生，竟至乞邻
度日，怅悴而卒。

　　万历甲午年（1594）初秋七月，屠隆与友人在龙井游览，喝了用
龙井泉水泡的龙井茶后，欣然写下这首《龙井茶歌》：

　　　　　　山通海眼蟠龙脉，神物蜿蜒此真宅。

　　　　　　飞泉歕沫走白虹，万古灵源长不息。

　　　　　　琮琤时谐琴筑声，澄泓泠浸玻璃色。

　　　　　　令人对此清心魂，一漱如饮甘露液。

吾闻龙女渗灵山，岂是如来八功德。

此山秀结复产茶，谷雨霖霂抽仙芽。

香胜旃檀华严界，味同沆瀣上清家。

雀舌龙团亦浪说，顾渚阳羡讵须夸。

摘来片片通灵窍，啜处冷冷馨齿牙。

玉川何妨尽七碗，赵州借此演三车。

　　采取龙井茶，还烹龙井水。

文武每将火候传，调停暗合金丹理。

茶经水品两足佳，可惜陆羽未知此。

山人酒后酣麌麌，陶然万事归虚空。

一杯入口宿醒解，耳畔飒飒来松风。

即此便是清凉国，谁同饮者陇西公。

作者题下自注"与李念江开府公同游作"，说明结尾写到的"陇西公"即李念江，开府是他的字，陇西则是他的籍贯——甘肃陇西。陇西李氏系历史著名望族。

作者淋漓尽致地抒发了对龙井泉水与龙井茶的热爱。认为龙井泉是山海相通的龙脉海眼，色似玻璃，饮如甘露。龙井茶香胜檀香，味赛甘露，龙团、雀舌、顾渚、阳羡都无法与之媲美。

"采取龙井茶，还烹龙井水。"屠隆认为龙井茶、龙井水两美俱佳，可惜茶圣陆羽未作品评。

该碑陈列于龙井寺的风篁余韵陈列室。

除了这首著名的《龙井茶歌》，屠隆还在撰于1590年前后的《考槃余事·茶说》中对龙井茶、龙井泉作了赞美：

2004年杭州龙井寺旧址附近出土的屠隆手书《龙井茶歌》碑石（局部）

龙井，不过十数亩。外此有茶，似皆不及，大抵天开龙泓美泉，山灵特生佳茗，以副之耳。山中仅有一二家，炒法甚妙。近有山僧焙者亦妙。真者天池不能及也。

按照目前的研究，《龙井茶歌》作于《茶说》之后。屠隆在《茶说》中将虎丘茶列为第一，如果此书作于龙井品茶之后，一定会将龙井列为第一。

真香真味宜清饮

《考槃余事》是屠隆的一部艺术随笔，清代著名史学家、考据学家钱大昕在《考槃余事·序》中评价说："评书、论画、涤砚、修琴、相鹤、观鱼、焚香、试茗……靡不曲尽其妙。"后人将其中论茶部分单独辑为《茶说》，作为明代茶书之一。

《茶说》约2 800字，最吸引笔者的是其中"择果"方面的记述：

茶有真香，有佳味，有正色。烹点之际，不宜以珍果香草夺之。夺其香者，松子、柑橙、木香、梅花、茉莉、蔷薇、木樨之类是也。夺其味者。番桃、杨梅之类是也。凡饮佳茶，去果方觉清绝，杂之则无辨矣。若必曰所宜，核桃、榛子、杏仁、榄仁、菱米、粟子、鸡豆、银杏、新笋、莲肉之类，精制或可用也。

屠隆书法扇面

宋徽宗等多位茶人说到茶有真香，品茶的最高境界是清饮，评茶师都以清饮品评。各类花茶无疑会夺去真香，杂以干鲜瓜果、炒货，则为休闲品茶。

《娑罗馆清言》记佳句

屠隆著有《娑罗馆清言》，文体类似《围炉夜话》《小窗幽梦》，内多佛语禅意，又以"娑罗"命名，被列为佛家文献。"娑罗"系梵文音译，有"坚固""高远"之意，是盛产于印度及东南亚的一种常绿乔木，树形高大美观，质地优良。相传释迦牟尼的寂灭之所即是在娑罗树间，因此佛教中有不少事物都与娑罗树有关。传入我国后，许多寺院都有栽植。万历十五（1587）年前后，屠隆也从阿育王舍利殿前移植娑罗树一棵，并改其书斋"栖真馆"为"娑罗馆"，《娑罗馆清言》之名即以斋名书。

《娑罗馆清言》内有四条涉茶，其中两条为联语形式，一联堪称佳句，刻画了文人雅士的闲适情怀："茶熟香清，有客到门可喜；鸟啼花落，无人亦自悠然。"同时体现出作者乐于以茶会友、以文会友的情趣。另一茶句"呼童煮茶，门临好客"意义相近。

另一涉茶联语为："净几明窗，好香苦茗，有时与高衲谈禅；豆棚菜圃，暖日和风，无事听闲人说鬼。"反映了雅士与百姓的日常生活。

浙江古籍出版社2012年版《屠隆集》

次子玉衡识茶事

屠隆有两子两女，其中次子大諴，字玉衡，女儿湘灵均为诗人。

大诚有《题补陀》（普陀）、《慈湖》等诗作入选《甬上屠氏家集》。他也熟悉茶事，有乃父之好，曾为从侄屠本畯茶书《茗笈》题跋：

> 幽叟（屠本畯大号）著《茗笈》，自陆季疵《茶经》而外，采辑定品，快人心目，如坐玉壶冰啖，哀仲梨也者。幽叟吐纳风流，似张绪；终日无鄙言，似温太真；迹胃区中，心超物外。而余臭偶同，不觉针水契耳。夫赞皇辨水，积师辨茶，精心奇鉴，足传千古，幽叟庶乎近之。试相与松间竹下，置乌皮几，焚博山炉，斟惠山泉，挹诸茗荈而饮之，便自羲皇上人不远。

文中作者写到自己与幽叟、茶圣陆羽（号季疵）等茶人同好，"余臭偶同"。并引用较多典故，赞扬幽叟善于鉴水辨茶，可与晚唐名相李德裕和陆羽的师父智积禅师媲美："夫赞皇辨水，积师辨茶，精心奇鉴，足传千古，幽叟庶乎近之。"

屠本畯独于茗事不忘情

在各种茶文化书籍和人名辞书中，宁波明代五位茶人，除屠隆生平事迹记载比较详细外，其余四位屠本畯、万邦宁、罗廪、闻龙生卒或生平不详。作为宁波同乡晚辈同好，笔者深感有责任去挖掘几位先辈的生平资料，于是钩沉史海，多方搜寻。2009年3月19日，在与笔者寓所相邻约千米的宁波天一阁博物馆家谱室，在袁良植先生的帮助下，顺利查到了屠本畯、罗廪、闻龙这三位前辈的家谱，查阅到屠本畯、闻龙的准确生卒年份和三人大量的生平资料，弥补了史料的不足，这也充分证明家谱可以补充官方志书不足的重要性。

出身望族，寿八十一岁

屠本畯（1542—1622），字绍鬱，又字田叔，号汉陂、桃花渔父，晚自号憨先生、鬱叟。浙江鄞县（今宁波市海曙区）人。出身甬上望族官宦之家。父大山，嘉靖癸未（1523）进士，累官兵部右侍郎兼都察院右佥都御史，总督湖广、川、贵军务，1555年告老还乡。本畯初以父荫任刑部检校、太常寺典薄、礼部郎中等职，后出任两淮运司同知，移福建任盐运司同知，升任湖广辰州知府，进阶中宪大夫致仕。著名同乡史学家全祖望在《甬上望族表》中列出屠氏"六望"，其中本畯父子与屠隆列为"三望"："兵部侍郎大山、礼部主事隆、辰州知府本畯。"屠隆系本畯从祖，但比从孙本畯年小一岁。

屠本畯鄙视名利，廉洁自持，以读书、著述为乐，到老仍勤学不辍，留有著名的读书"四当论"。一次，一位朋友劝他说："你年事已高，就不要这么辛苦读书了。"屠本畯却回答说："吾于书饥以当食，渴以当饮，欠身以当枕席，愁及以当鼓吹，未尝苦也。"读书之乐，自在"四当"之中了。从此，他的读书"四当论"流行于世，鼓舞着历代读书人求知不倦。

屠本畯疏眉朗目，状貌洒脱，性情放达，所作小品《五子谐策》5卷、《艾子外语》3卷、《憨子杂俎》5卷等，诙谐幽默，富有情趣。70寿辰时，还在自撰杂剧《饮中八仙记》中扮演角色，以此欢娱宾客。

据民国八年（1919）《甬上屠氏宗谱》记载，屠本畯生于明嘉靖二十一年（1542）九月初二寅时，卒于天启二年（1622）十月初一戌时，寿81岁。宗谱原有他的画像，可惜由于颜料褪色，已经毫无影像，明代同乡诗人、书法家、博士弟子沈明臣为他配有像赞。

《茗笈》源于闻龙藏书

屠本畯爱茶，其风格独特的《茗笈》，在历代茶书中占有一席之地。他在该书序言中开宗明义写到，品茗是他读书著述之外唯一的爱好与乐趣：

不佞生也憨厚，无所嗜好，独于茗不能忘情。

第一句只是谦辞，"独于茗不能忘情"，说出了他对茶事的挚爱，确立了他作为资深茶人，可与苏东坡、蔡襄等爱茶名人相提并论的特殊地位。

宁波著名书法家周律之书屠本畯茶句

接着，作者道出《茗笈》的由来，得益于同乡处士、同好闻龙丰富的茶文化藏书：

偶探好友闻隐鳞架上，得诸家论茶书，有会于心，采其隽永者，著于篇名曰《茗笈》。

"隐鳞"系闻龙之字。说明闻龙家藏有各种茶书，作者借来友人藏书，通读诸书，融会贯通，博采众长，辑成一书，虽非原创，亦不失创新，具有相当的趣味性、可读性和资料性。

《茗笈》篇首刊列了选录的18位作者的茶文、茶诗篇目，其中罗廪、闻龙两位系同乡。全篇以选录罗廪的《茶解》为最多，计11条，仅次于许次纾《茶疏》和陆羽《茶经》；闻龙《茶笺》为7条。从中可看出作者对茶书的喜好程度，说明他对《茶疏》《茶解》《茶笺》等茶书比较赞赏。

本家屠隆《茶说》未选录，但在十四章《相宜》评语中引用了他《娑罗馆清言》中的茶句："家纬真清语云：'茶熟香清，有客到门可喜；鸟啼花落，无人亦自悠然。'可想其致也。""纬真"系屠隆之字。

定稿于1608年修禊日

包括《茶经》在内的大部分古代茶书，很多没有明确成书年代，《茗笈》等明代宁波四种茶书亦如是。因此考证它们的成书年代，成为后代专家、学者的一项重要工作。

《茗笈》为屠本畯《山林经济籍》中的一章。书目文献出版社2000年出版的《北京图书馆古籍珍本》第64卷，据明代万历惇德堂刻本刊印的《山林经济籍》，共分24卷，《茗笈》列于13卷17章，作者在书稿总序《叙籍原起》中记载："煮茗焚香，高论未已，烹葵邀客，玄谈转清，岂惟滓秽外祛，抑亦灵根内涤，纪《茗笈》第十七、《菜咏》第十八。"文后落款为："万历戊申修禊日，屠本畯书于人伦堂。"万历戊申即万历三十六年（1608），修禊日即农历三月三日。而包括现代农史学家、中国农史学科主要创始人之一的万国鼎（1897—1963）、日本茶文化专家布目潮讽（1919—2001）等海内外学者，原先考证的成书年代均晚于此。

考证《茗笈》定稿时间还有一个重要意义是，佐证了同代同乡另外两种茶书——罗廪《茶解》、闻龙《茶笺》的大致成书年代，说明这两种茶书成书都

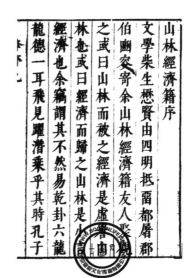

屠本畯集有《茗笈》的《山林经济籍》

在1608年之前。同时，《茗笈》还佐证同代茶著张源《茶录》、熊明遇《罗岕茶记》的成书年代亦在1608年之前，因《茗笈》录有两书章节。

前赞后评，别具一格

《茗笈》全文8 000多字。分上下篇，共16章，上篇八章为溯源、得地、乘时、揆制、藏茗、品泉、候火、定汤；下篇八章为点瀹、辨器、申忌、防滥、戒淆、相宜、衡鉴、玄赏。章首均列"赞语"，以陆羽《茶经》为经文，然后辑录宋蔡襄《茶录》等18种书中的相关内容，作为传文，最后加上评语。前赞后评，前经后文，体例独特，别具一格。开古代茶书之先河。

该书并不是简单地对多种茶书加以摘录，而是在琳琅满目的茶书中，选出各家的精辟观点。这并不是通读茶书就能完成的，而需要对茶的深刻理解，需要对茶事的亲身实践与体会，更离不开在品茗过程中的心领神会。正因为作者对茶情有独钟，茶文化功底深厚，才会在诸家论茶之后，有会于心，推陈出新。

屠本畯的赞语和评语颇有特色，如第十二章《防滥》赞曰：

客有霞气，人如玉姿；不泛不施，我辈是宜。

第十四章《相宜》赞曰：

宜寒宜暑，既游既处；伴我独醒，为君数举。

第十六章《玄赏》赞曰：

谈席玄矜，吟坛逸思；品藻风流，山家清事。

与"前赞后评，前经后文"体例相呼应的是，《茗笈》前有包括自序在内的三篇序言，后有四篇跋语，规模超群，对《茗笈》多有赞美。两序分别由同乡名士薛冈和福建侯官（今闽侯县）籍名士徐火勃所作。徐火勃识茶，著有《茗谭》。徐序作于万历三十九年（1611），他忆及当年屠本畯在福建盐运司同知任上，两人常品茗论书，并说作者"凡天下奇茗异品，无不烹试定其优劣"。跋语中王嗣奭、范汝梓为同乡官吏。屠隆次子、屠本畯从伯父屠玉衡则称赞作者善于鉴水辨茶，可与晚唐名相李德裕（籍贯赞皇，今属河北）和陆羽的师父智积禅师媲美："夫赞皇辨水，积师辨茶，精心奇鉴，足传千古，幽叟庶乎近之？"另一位陈瑛身份未详，他赞美作者："将望先生为丹丘子、黄山君之储耶？"可见亦为识茶之人，传说丹丘子、黄山君饮茶成仙，留有典故。

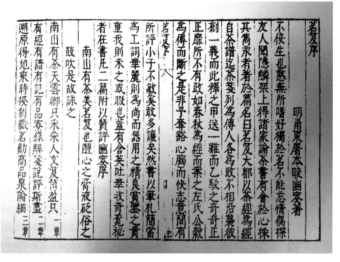

古本《茗笈》书影

记载友人茗花点茶

据笔者了解，《茗笈》是第一部记载茗花点茶的茶书。"茗花"即茶树之花，由于它单一白色，花朵不大，平淡无奇，不像山茶花那样多彩多姿，少有入诗入画。但爱茶的屠本畯却爱屋及乌，不仅像同代钱塘（今杭州）茶人高濂那样，以茗花为书斋清玩，还记载了茶友以茗花点茶的雅事，《茗笈》第十六章《玄赏》中有如此记载：

人论茶叶之香，未知茗花之香。余往岁过友大雷（今余姚大岚，为中国高山云雾茶之乡）山中，正值花开。童子摘以为供，幽香清越，绝自可人，惜非瓯中物耳。乃予著《瓶史月表》，插茗花为斋中清玩，而高濂《瓶史》亦载茗花，足以助吾玄赏。

昨有友从山中来，因谈茗花可以点茶，极有风致，第未试耳。姑存其说以质诸好事者。

现代科学研究发现，茶树花的成分与茶叶基本相同，含有蛋白质、茶多糖、茶多酚、氨基酸、维生素、超氧化物歧化酶和过氧化氢酶等，其中蛋白质、茶多糖、活性抗氧化物质等成分比茶叶含量高。茶树花中必需氨基酸配比均接近或超过国际标准，是一种优良的蛋白质营养源。这些成分对人体具有解毒、抑菌、降糖、延缓衰老、防癌抗癌和增强免疫力等功效，抗氧化功能可与世界公认的抗氧化植物迷迭香媲美。除了作为茶饮，在食品、美容保健、精细化工等方面，具有较高的工业和商业利用价值，近年来，茶树花已全面进入开发利用。

《茗笈》的记载因此具有现实意义，也说明作者视野开阔，记载细腻，重视新事物。

屠本畯的《瓶史月表》，是继袁宏道《瓶史》之后的又一插花专著，他对不同花木在插瓶时所处的地位，不像袁宏道说成是主婢关系，而说成是主宾关系，人们认为这一创新更为确切。该文的正月、三月、十二月，分别写到宝珠茶、滇茶、兰茶、茗、漳茶等茶名，将茶融入花艺之中，体现出他的茶人特色。

商务印书馆民国二十六年（1937）版屠本畯《闽中海错疏》书封

海产、植物著述丰富

屠本畯是位多才多艺的官员、学者，学识渊博，著述丰富。他热爱生活，热爱大自然，是我国古代最早的海洋动物学、植物学家之一，除《山林经济籍》外，另有《海味索引》《闽中海错疏》《闽中荔枝谱》《野菜笺》《离骚草木疏补》和花艺专著《瓶史月表》等，内容涉及植物、动物、园艺等诸多领域。其诗文后人辑为《屠田叔集》。

撰写《海味索引》《闽中海错疏》，除了作者认真严谨的治学精神，还得益于屠本畯生于东海之滨，并在福建担任盐官接触海洋的独特环境与经历，尤其是他在福建任盐运司同知时，通过详细考察当地水产情况，留下了丰富、翔实的《闽中海错疏》。该书记述了福建沿海海产动物200多种（包括少数淡水种类）。海产动物海洋经济鱼类为主，包括软体、节肢和棘皮类海产等。基本按自然分类的原则进行分类，内容包括动物的名称、形态、生活习性、地理分布和经济价值等进行记载，与现代动物志比较相近，因而该书被认为是中国现存最早的一部海洋水产生物专书。

写出这么多著作，不仅可以看出作者的渊博学识，还体现出他以读书著述为乐的高尚志趣。

万邦宁采集诸书作《茗史》

关于晚明茶书《茗史》作者万邦宁（1585—1646）之籍贯，学界多认为其为四川奉节（今重庆）籍。天启壬戌二年（1622）同名进士，历任南宁、桂林推官，四川乡试同考官。今根据《浙江宁波濠梁万氏宗谱》《鄞县志》等文献，确认其为鄞县（今宁波市海曙区）人，字惟咸，改名象，字象王，号须头陀。尚未见功名或官职，系布衣学者兼诗人，祖万表、兄邦孚均为抗倭名将。

万邦宁实为宁波处士

2019年4月，茶文化学者、中原大地传媒股份有限公司副总编、编审郭孟良，在《"茶庄园""茶旅游"暨宁波茶史茶事研讨会文集》中，发表《晚明宁波茶人研究三题》，其中一节为"《茗史》作者万邦宁籍贯考辨"，对万邦宁宁波家族家世、4位《茗史》书评宁波籍作者等相关史料作了梳理，以翔实史料考证其为甬上人士，并在当年5月召开的研讨会上作了发言，引起学界关注。而其早在2011年，在《浙江树人大学学报》发表的《晚明茶书的出版传播考察》一文中，已经提出万邦宁与屠隆、屠本畯、闻龙、罗廪并列为宁波茶人群体之中坚。

《"茶庄园""茶旅游"暨宁波茶史茶事研讨会文集》

宁波茶文化促进会、宁波东亚茶文化研究中心组编，竺济法编，2019年4月内部印刷

出身鄞县世袭武官家族　万邦宁系布衣学者兼诗人

据《浙江宁波濠梁万氏宗谱》记载，万邦宁出身武官世家。鄞县万氏祖籍安徽濠州定远，以定远籍显武将军万斌为一世祖。万斌原名

万国珍，字文质，随朱元璋起兵。朱喜其有文武之才，改其名为"斌"。洪武元年（1368），其北伐攻克中原有功，三年（1370）诰赐世袭，五年（1372）随徐达出征蒙古战死，追赠明威将军、指挥佥事。自万斌始，其后代九代可有一男儿世袭武官，妻子则被敕封为"夫人"或"恭人"。万斌子万钟承袭父爵，初授武毅将军，后领兵到宁波抗倭，任宁波卫指挥佥事，定居宁波。此后九代均世袭武官。万邦宁为宁波万氏九世后裔，其兄邦孚武艺高强，世袭武官。

万氏定远二世祖原本尚文，自万斌开始转而尚武，但余暇仍不忘读书，多位武官著有诗集，至十一世万泰，武官世袭因朝政更迭而中止，重归文业并著称于世。万泰育八子，史称"万氏八龙"，尤其八子万斯同，为《明史》主纂，实际总裁。

万邦宁祖父、父亲、兄均有诗文集，其除了《茗史》二卷，另著有《象王诗文稿》等。康熙《鄞县志》记载："邦宁字惟咸，后改名象，字象王，邦孚之弟也。能诗文，好禅理，恒与雅士名僧游，亦矫然出尘之品。"

《浙江宁波濠梁万氏宗谱》书封

撮录诸书精华辑为《茗史》

《茗史》撰于天启元年（1621）闰二月，全书为上下两卷，分85目，主要内容撮录《茶董》《茶董补》等书，文前有点茶僧圆后、董大晟、李德述、全天骏、蔡起白、李桐封等人评语。《四库全书存目提要》认为："是书不载焙造、煎试诸法，惟杂采古今茗事，多从类书撮录而成，未为博奥。"其实不然，有学者认为，该书仍有参考之处。笔者则认为该书作者"小引""赘言"（跋语）颇有特色，均为个性化文字，从中可看出作者之文学与茶学修养。如其"小引"云：

　　须头陀邦宁，谛观陆季疵《茶经》、蔡君谟《茶谱》，而采择收制之法，品泉嗜水之方咸备矣。后之高人韵士，相继而说茗者，更加详焉。苏子瞻云："从来佳茗似佳人"，言其媚也；程宣子云"香衔雪尺，秀起雷车"，美其清也；苏廙著《十六汤》，造其玄也。然媚不如清，清不如玄，而茗之旨亦大矣哉。黄庭坚云："不惯腐儒汤饼肠"，则又不可与学究语也。

　　余癖嗜茗，尝舣舟接它泉，或抱瓮贮梅水，二三朋侪，羽客缁流，剥啄竹户，聚话无生，余必躬治茗碗，以佐幽韵，固有"烟起茶铛我自炊"之句。

　　时辛酉春，积雨凝寒，偃然无事，偶读架上残编一二品，凡及茗事而有奇致者，辄采焉，题曰《茗史》，以纪异也。此亦一种闲情，固成一种闲书，若令世间忙人见之，必攒眉俯首，掷地而去矣。谁知清凉散，止点得热肠汉子；醍醐汁，止灌得有缘顶门，岂能尽怕河众而皆度耶？但愿蔡、陆两先生，千载有知，起而曰："此子能闲，此子知茗。"或授我以博士钱三十文，未可知也。复愿世间好心人，共证《茗史》并下三十棒喝，使须头陀无愧。

　　　　天启元年闰二月望日，万邦宁惟咸撰

这些精练、幽默之记述，足见作者为嗜茶之人，备有多种茶书，并熟悉茶史，该书是其在"辛酉春，积雨凝寒，偃然无事，偶读架上残编一二品"采录而成。

"小引"写到其有"烟起茶铛我自炊"茶句，惜尚未见其他茶事及茶诗，或在其《象王诗文稿》中有留存。

该书结尾附"赘言"九品，书列文士读书、爱书、传播、质辨、采录、精印等雅趣：

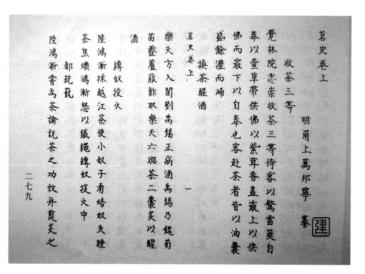

古本《茗史》书影，署名为"甬上万邦宁"

须头陀曰：展卷须明窗净几，心神怡旷，与史中名士宛然相对。勿生怠我慢心，则清趣自饶。（得趣）

代枕、挟刺、覆瓿、粘窗、指痕、汗迹、墨痕，最是恶趣。昔司马温公读书，独乐园中，翻阅来竟，虽有急务，必待卷束整齐，然后得起，其爱护如此。千函万轴，至老皆新，若未触手者。（爱护）

闻前人平生有三愿，以读尽世间好书为第二愿。然此固不敢以好书自居，而游艺之暇，亦可以当鼓吹。（静对）

朱紫阳云：汉吴恢欲杀青以写汉书，晁以道欲得《公穀传》，遍求无之。后获一本，方得写传。余窃慕之，不敢秘焉。（广传）

奇正幻癖，凡可省目者悉载。鲜韵致者，亦不尽录。（削蔓）

客有问于余日，云何不入诗词？恐伤滥也。客又问云，何不纪点淪？惧难尽也。客曰然。（客辩）

独坐竹窗，寒如剥肤。眠食之余，偶于架上残编寸楮，

信手拈来，触目辄书，因记代无次。（随喜）

印必精攡，装必严丽。（精严）

文人韵士，泛赏登眺，必具清供，愿以是编共作药笼之备。（资游）

赘言凡九品，题于竹林书屋。

甬上万邦宁惟咸氏

此"赘言"重点论书，少有说茶，别具一格。

读了这些文字，万邦宁作为茶痴、书痴之形象，跃然纸上。撇开《茗史》正文，仅以其"小引""赘言"而论，足见其匠心别具，于读者不无裨益。

闻龙年迈愈爱茶

明代宁波茶人闻龙（1551—1631）撰写的《茶笺》，仅1 000多字，是明代宁波四种茶书中最短的一种。其实与其说是茶书，不如说是一篇茶文更为合适。顾名思义，作者本人也是把它定位为短篇的——仅为一笺而已。"笺"作为文体，专指短小精悍的书札、奏记一类。

出身鄞县望族

在各种茶书中，有关闻龙的简介不过300来字，生卒、生平不详。2009年3月19日，笔者在宁波天一阁博物馆查到民国十一年（1922）《鄞西石马塘闻氏家乘》，考证了他的生卒与生平事迹。

据家谱记载，闻龙系鄞西闻氏天官房四房十一世后裔，谱名闻继龙，因闻氏十一世才开始起用排行，分别为继、世、守、成，家谱系闻龙身后编修，闻龙、闻继龙实际同属一人，其他事迹、著作也完全一致。生于明嘉靖三十年（1551）七月初五，卒于崇祯四年（1631）三月廿八，寿81岁。字隐鳞，一字仲连，晚号飞遁翁。处士。

闻氏系鄞县（今宁波市海曙区）望族。明代闻可信、闻璋、闻元奎、闻泽、闻渊祖孙四代，皆有佳名。其中闻泽、闻渊为闻龙祖父辈，居鄞县西乡蜃蛟（今古林镇）石马塘。从祖闻泽，字美中，正德年间（1506—1521）进士，官至江西布政司参议。居家孝友，服官忠勤，皆谓其克勤世德。祖父闻渊（1480—1563），字静中，号石塘。生而颖异，性格端重，6岁能诵读诗文，善书法。弘治十八年（1505）进士，初授礼部主事，累官礼部尚书，加太子太保，人称"闻太师"，是明朝历官45载之元老，历职达27任。70高龄时，辞官回乡，居于宁波城内月湖之畔、天一阁旁马衙街天官弟。84岁逝世，赠少保，谥庄简，葬鄞县栎社。家谱中有他的画像，特附于本文，祖孙多少有相似之处，聊补闻龙无像之憾。

闻龙祖父闻渊像

闻渊有五子，思学、思尹、思政、思宪、思治，闻龙系思尹次子，因叔父思宪无子，过继叔父为子。

闻龙在马衙街出生，性至孝，闻名乡里，家谱载有《至孝隐鳞公传》。爱山水自然，自比为逃名世外的飞遁吉人、灭影贞士，仙风道骨，疏髯美眉目，人望之若神仙。晚明朝廷腐败，他洁身自好，避世隐名，崇祯时举贤良方正，举荐官吏后备人员，坚辞不就。与祖父一样，擅长诗书，诗作清和稳畅，卓然成家。书法笔法遒劲，楷、行尤佳，雅逸峭峻。著作除《茶笺》外，还有《幽贞庐诗草》《行药吟》

《幽贞庐逸稿》等。

炒焙多有心得

《茶笺》虽只有1000多字，但多有独到之处。当代茶圣吴觉农对该书评价较高，称此书是"一部叙述亲身体验的茶书"。

明代是从饼茶走向散茶，炒青、烘青绿茶兴起的时代。茶叶杀青揉捻后，炒干的称为炒青，烘干的称为烘青。闻龙在炒茶、焙茶方面多有心得，《茶笺》开篇记载的绿茶炒青之法，被视为古代炒青的规范：

> 炒时须一人从旁扇之，以祛热气。否则黄色，香味俱减，予所亲试。扇者色翠，不扇色黄。炒起出铛时，置大瓷盘中，仍须急扇，令热气稍退。以手重揉之，再散入铛，文火炒干，入焙。盖揉则其津上浮，点时香味易出。田子以生晒不炒不揉者为佳，亦未之试耳。

这些经验，在近代制茶科学技术出现之前，被视为我国传统制茶学说和炒青绿茶采造的典范，即使到当代，仍为各地炒制各种高档绿茶所沿用和遵循。

写得如此专业、详细，可见一定是作者亲身实践。且作者有自己的独特经验，炒茶、摊放时必须注意冷却，最好做到炒茶、摊放时随时扇风，防止茶叶闷气、泛黄而影响质量。

文中"田子"，即写出《煮泉小品》、与闻龙同时代的茶人田艺衡。他认为"芽茶以火作为次，生晒者为上，亦更近自然，且断烟火气也。况作人手器不洁，火候失宜，皆能损其香色也。生晒茶瀹之瓯中，则旗枪舒畅，清翠鲜明，尤为可爱"。其实这是田艺衡的偏见，晒青茶只保留在湖北当阳市玉泉山唐代名茶仙人掌茶等特殊加工的个别品种，其范围与影响都不能与炒青、烘青茶相比拟。

闻龙在下文又三次写到焙茶，详细记载了焙茶工艺和亲身实践，对吴兴茶人姚叔度"茶叶多焙一次，则香味随减一次"之说，验之良然。并提到罗岕茶用的是蒸焙工艺。这些翔实记载的制茶工艺，为后人留下了难得的文献。

《茶笺》对茶的收藏诸法也颇有心得：

> 茶之味清，而性易移，藏法喜温燥而恶冷湿，喜清凉而恶蒸郁，喜清独而忌香臭。

这些精辟的论述，至今仍有实用价值。

甬城以它泉为最

水为茶之母，说茶多及水。《茶笺》有一段评述甬城泉水，并认为以它泉为佳：

> 吾乡四陲皆山，泉水在在有之，然皆淡而不甘，独所谓它泉者，其源出自四明潺湲洞，历大阚（岚）、小皎诸名岫，回溪百折，幽涧千支，沿洄漫衍，不舍昼夜。唐鄞令王公元伟筑埭它山，以分注江河，自洞抵埭，不下三数百里。水色蔚蓝，素砂白石，粼粼见底，清寒甘滑，甲于郡中。余愧不能为浮家泛宅，送老于斯。每一临泛，浃旬忘返，携茗就烹，珍鲜特甚。洵源泉之最胜，瓯牺之上味矣。以僻在海陬，图经是漏。故又新之记周闻，季疵之勺莫及，遂不得与谷帘诸泉，齿譬犹飞遁吉人，灭影贞士，直将逃名世外，亦且永托知稀矣。

宁波南有奉化江、月湖，北有姚江、日湖，两江在三江口交汇成甬江入海，城内多河汊水道，被誉为水城、港城，但少有泉水。这一记载说明作者最心仪出于四明潺湲洞的它泉之水，经鄞江进入奉化江，径流三数百里入城。作者说的"水色蔚蓝，素砂白石，粼粼见底，清寒甘滑"，应该是鄞江上游之水。作者恨不能浮家泛宅，但经常"临泛"其间，并流连忘返，耽留达旬，携茗就烹，珍鲜特甚。

记载周文甫殉葬供春壶

《茶笺》中有一段记载明代制炉名家周文甫以供春壶殉葬的逸事:

　　东坡云:蔡君谟嗜茶,老病不能饮,日烹而玩之。可发来者之一笑也。孰知千载之下有同病焉。余尝有诗云:年老耽弥甚,脾寒量不胜。去法烹而玩之者,几希矣。因忆老友周文甫,自少至老,茗碗熏炉,无时蹔废。饮茶日有定期:旦明、晏食、禺中、铺时、下春、黄昏,凡六举。而客至烹点,不与焉。寿八十五,无疾而卒。非宿植清福,乌能举世安享。视好而不能饮者,所得不既多乎。尝畜一龚(供)春壶,摩挲宝爱,不啻掌珠,用之既久,外类紫玉,内如碧云,真奇物也。后以殉葬。

这段文字有三层意思。

一是引用苏东坡说北宋端明殿大学士、著名书法家蔡襄(字君谟)嗜茶,年老患病忌饮茶时,仍烹而玩之。蔡襄在《和孙子翰谢寄茶》一诗中吟道:"衰病万缘皆绝虑,甘香一事未忘情。"足见他爱茶之深。蔡襄从小爱茶,善制茶,也精于品茶,茶事对他的熏陶既久且深,嗜茶如命,在福建任职时,曾督造小龙团茶献于皇上,受到器重。著有《茶录》,是名副其实的茶学大师。他品尝宁海茶山茶后,留下了"品在日铸上"的赞语,日铸产于绍兴,系宋代越州贡茶。

二是闻龙赋诗说自己年老爱茶愈甚,只是体弱脾胃欠佳不胜饮量而已,并以与蔡襄"同病"为荣,透露出他对爱茶雅好

宁波著名书法家陈启元书闻龙茶句

的自豪。可以说，"年老耽弥甚，脾寒量不胜"句，与上述蔡襄句有异曲同工之妙。这一记载说明《茶笺》成文于作者年老之时。

三是记述了他的苏州老友、制炉名家周文甫爱茶爱壶的逸事。周文甫以"茗碗熏炉"为乐，除招待客人临时加茶外，每天固定在6个时辰自泡自饮，分别是："旦明"，又称黎明、凌晨、日旦等，时间为3时至5时；"晏食"为晚食，从时间连接来看，可能为"早食"之误，应为早饭时间，时间为7至9时；"禺中"，禺、隅通用，又名日禺等，临近中午时，时间为9至11时；"铺时"，又名日铺、晡时、夕食等，时间为15至17时；"下春"，日落之时；黄昏，又名日夕、日暮等，时间为19时至21时。

笔者爱茶，每日不过二三泡而已，与同好相比，已属多饮，周文甫固定6泡，待客另加，确属茶痴无疑。最有史料价值的是，该文还记载了周文甫生前酷爱一把不啻掌珠的供春壶，死后被用作陪葬之物。供春壶在当代已经成为绝世珍品，一些个人藏品，包括博物馆所藏，大多为赝品，罕有真品。

闻龙家里茶书收藏丰富，这是屠本畯在《茗笈》序言中透露的信息，他在提及《茗笈》之书由来时，认为是读了闻龙家丰富的茶书："偶探好友，闻隐鳞架上，得诸家论茶书，有会于心，采其隽永者，着于篇名曰《茗笈》。"

罗廪茶书称第二

自唐代茶圣陆羽写出第一部茶学巨著《茶经》以来，历代茶著不下数十种，哪种能称为第二茶书呢？由著名茶学专家郑培凯、朱自振主编，商务印书馆（香港）有限公司2007年出版的《中国历代茶书汇编校注本》给出了答案，该书在介绍明代宁波茶人罗廪及其茶书《茶解》时，有如下评语："除陆羽及其《茶经》外，其人其书几无可与比者！"作为宁波同乡后辈同好，笔者深感自豪。

出身官宦之家

罗廪（1553—?），字高君，明代宁波慈溪（今宁波市江北区慈城镇）人。书法家、诗人、学者、隐士。万历（1573—1620）年间诸生，擅诗。工书、行书、草书得法于"二王"（王羲之、王献之）和怀素，纵横变化，几入妙品。工于临摹，与同乡书法家姜应凤齐名，临摹作品嫁名鲜于枢，书法家也难分真假。《宁波府志》《中国版画史图录》《四明书画家传》等均有记载。

罗廪画像

官方史料中罗廪生平未详。据天一阁保存的民国十二年（1923）《慈溪罗氏宗谱》（共38卷）第24卷记载，罗廪系慈溪罗江罗氏22世后裔，又名国书，字君举，改字高君，号飧英，别号烟客。邑庠生。以善书名世。宗谱记载罗廪生卒俱失，但从第22卷罗廪为父亲所作《先考南康别驾双浦府君行实》一文，可以了解到罗廪父亲名瑞，字双浦，曾任南康（今江西）别驾。"别驾"系唐以前官名，在知府下掌管粮运、家田、水利和诉讼等事项，宋代以后改为通判。文中记载"先君生于弘治庚申四月二十有四日，距卒之岁，享年六十有七。先君之奄然即老，旅榇归也，孤方十有四岁"。由此推算罗廪生于万历三十二年（1553）。家居慈溪县治（今慈城镇）之学宫旁，家谱记载他为"学前支行"。筑有别墅曰秌庄，有《秌庄晚归》《春莫秌庄忆》等诗作。生活优裕，娶有侧室。

另据其乡人提供的资料，其曾祖罗信佳，官至南京兵部主事，人称武选公；祖父罗缙，官至广东按察司副使。

据光绪《慈溪县志》卷四十七《艺文二》记载，其著作除《茶解》外，另有《胜情集》一卷（游都门暨山左、山右诗）、《青原集》一卷（游江西吉水诗）、《浮樽集》一卷（游浙江严滩及福建武夷诗）、《补陀游草》一卷（游舟山普陀诗）。县志认为他的诗作还有散佚。另选录明宁波洪武以后80位诗人的诗歌为《句雅》，已散佚。

2009年3月15日，笔者在浙江图书馆查阅到虫蛀斑斑的明刻本《罗高君集》四卷一册。该集为《胜情集》《青原集》《浮樽集》汇集本。从诗作来看，罗廪交游甚广，游过太行山、武夷山、庐山、汉水等名山大川，友人唱酬中多官吏、文士，如同代三位宁波茶人中，就有《闻杜鹃寄屠纬真、张成叔、季之文》《送屠田叔移南都水部郎》两首，纬真、田叔分别为屠隆、屠本畯之字。这充分说明明代宁波四位茶书作者均有友好交往，寄屠纬真诗中还有"况乃忆同盟"句，说明交情非同一般。笔者还在《罗高君集》中查到涉茶诗两首，将在下文介绍。

除秫庄外，罗廪还在《茶解》中提到他种茶、汲水中隐山，未知今日慈城附近还有这些地名？

园艺概念记《茶解》

罗廪家乡原慈溪今余姚冈山、三女山，是贡茶产地之一，南宋始贡，晚明罢贡，历时300余年。嘉靖《浙江通志》载："慈溪县岗上，有宋丞相史嵩之墓，殿师范文虎因置茶局，贡茶，每岁清明前一日，县令入山监制茶芽，先祭史墓，乃开局制茶。"巧合的是，据罗氏家谱记载，罗廪父母墓地也在史墓附近——车厩王家岙。

"余自儿时，性喜茶，顾名品不易得，得亦不常有，乃周游产茶之地，采其法制，参互考订，深有体会。遂于中隐山阳，栽植培灌，兹且十年。春夏之交，手为摘制，聊足供斋头烹啜。"根据罗廪《茶解·总论》中的记述，他不仅儿时即爱茶，还周游各地茶乡，并植茶十年，亲自采制，因此对茶别有体会。"然蕴有妙理，非深知笃好不能得其当。盖知深斯鉴别精，笃好斯修制力。"他认为茶中的奥妙道理，不是深知茶性和笃好茶的人是不知道的，只有对茶有深切的体验和认识，才有鉴别的能力，才能长期品味茶之真味。

屠本畯在序言中评价《茶解》曰："其论审而确也，其词简而核也。以斯解茶，非眠云　石人，不能领略。"

《茶解》全书共约3 000字，前有序，后有跋，分总论、原、品、艺、采、制、藏、烹、水、禁、器十目，凡茶叶栽培、采制、鉴评、烹藏及器皿等各方面均有记述，即符合科学，又富有哲理。

该书多有独到之处，尤为突出的是，作者在"艺"之章节中，首次提到茶叶园艺概念。唐以前茶以野生为主，陆羽《茶经》称"野者上，园者次"，随着栽培、育种技术的提高，尤其是当代大量无性系良种的培育，大多栽培茶质量已超越野生茶。罗廪根据长期实践，对栽培、施肥、除草、采制、储藏等都有独特体会与见解，尤其是首次提出"茶园不宜杂以恶木，惟桂、梅、辛夷、玉兰、苍松翠竹之类，与之间植亦足以蔽覆霜雪、掩映秋阳。其下，可莳芳兰、幽菊及诸清芬之品"。这一说法符合科学原理，为当代专家所提倡，一是夏秋干旱高温季节可以防止茶树晒伤，而漫射光有利于积累茶叶营养成分；二是适当套种桂、梅、兰、菊及桃、李、杏、梅、柿、橘、银杏、石榴等花木、果木，或经济类、观赏类良木，尤其是秋冬季与茶树同花期的迟桂花、四季桂等花木，花粉及花香、果香可以被茶树的花、叶吸收，增添独特的花果香。

这些良木嘉树，也是优良生态茶园开展观光旅游难得的景观。

罗廪善于总结经验，他对植茶技术也有独特见解："秋社后，摘茶子水浮，取沉者。略晒去湿润，沙拌，藏竹篓中，勿令冻损。俟春旺时种之。茶喜丛生，先治地平正，行间疏密，纵横各二尺许。每一坑下子一掬，覆以焦土，不宜太厚，次年分植，三年便可摘取。茶地斜坡为佳，聚水向阴之处，茶品遂劣。故一山之中，美恶相悬。"既否定了唐宋以来"植而罕茂"的传统，又提出了"覆以焦土，不宜太厚"的种植技术，这在当时来说是先进的。

对于绿茶炒制，罗廪也有深切的体会。他总结的技术要点是：采茶"须晴昼采，当时焙"，否则就会"色味香俱减"。采后萎凋，要放在篚中，不能置于漆器及瓷器内，也"不宜见风日"。炒制时，"炒茶，铛要热；焙，铛宜温。凡炒止可一握，候铛微炙手，置茶铛中，札札有声，急手炒匀，出之箕上薄摊，用扇扇冷，略加揉担，直至烘干。""茶叶新鲜，膏液就足。初用武火急炒，以发其香；然火亦不宜太烈，最忌炒至半干，不干挡中焙操，而厚罨笼内，慢火烘炙。"亲身实践使罗廪对制茶工艺了然于胸，这在当时的文人中是少见的。这些经验，被一些茶学专家称为是我国也是世界古代茶书中有关制茶最全面、系统和精确的总结。

罗廪对烹茶用水更有与众不同的见解。他认为"水不难于甘，而难于厚，亦犹之酒不难于清香美冽，而难于淡。""瀹茗必用山泉，次梅水。梅雨如膏，万物赖以滋长，其味独甘。《仇池笔记》云，时雨甘滑，泼茶煮药，美而有益。梅后便劣，至雷雨最毒，令人霍乱。秋雨冬雨，俱能损人，雪水尤不宜，令肌肉销铄。梅水须多置器，于空庭中取之，并入大瓮，投伏龙肝两许，包藏月余汲用，至益人。伏龙肝，灶心中干土也。"梅雨宜茶而秋雨、冬雨、雪水均损人，这些见解在未作科学测定之前，只能说是一家之言。

在论及茶香时，罗廪认为"香如兰为上，如蚕豆花次之"。兰花宜家养，比较普及，兰香容易理解；蚕豆花则少有家养的，田野上才能闻到，笔者也少有见识，这可能与作者家乡多蚕豆不无关系。

罗廪认为"茶能通仙，久服能令升举"，在"品"之章节中，他写到了品茗的至高境界：

山堂夜坐，手烹香茗，至水火相战，俨听松涛，倾泻人

瓯，云光缥缈，一段幽趣，故难与俗人言。

这些文字，写出了品茗的独特意境与美感，无疑是茶文化中的精华。

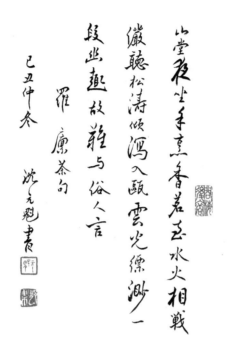

宁波慈城籍著名书法家、罗廪同乡沈元魁（1931—2016），
2009年仲冬录罗廪茶句书法小笺

作序题跋两官员

罗廪交游甚广，且多有官员、文士，这在《茶解》的序言和跋文中可以得到充分证明。

《茶解》前有同乡官员屠本畯序言，后有山西按察司佥事、南京太常寺正卿龙膺跋文。难得的是，两位官员还分别撰有茶书。能得到这样两位有身份、又懂茶的好友美言，当然是罗廪的莫大荣幸了。

屠本畯对《茶解》的评述上文已有提及，其生平详见笔者《屠本畯独于茗事不忘情》，本文不作赘述。龙膺生平略作介绍。

龙膺（1560—1622），字君善，改字君御，号茅龙氏、朱陵，别号隐公、纶叟，晚又号渔仙长。武陵（今湖南常德市武陵区）柳叶湖畔一个望族家庭。神宗万历八年（1580）进士，授徽州府推官，善断疑案，被誉为"神君"，擢升礼部主事，多次上书陈时政，迁园子监博士。因上《谏选宫女疏》被谪判边州，随田大司马督军青海。作战勇敢，屡建战功，田大司马上疏为龙膺请功。朝廷降旨录龙膺为户部郎中，后出任山西按察司佥事，带兵打仗，有暖泉之捷、麻山之捷，先后挞伐、扩地数千里。后奉诏回京，入为南京太常寺正卿。晚与袁宏道相善，有《九芝集》。

龙膺爱茶，1612年53岁时，与《茶解》序文同年，撰成《蒙史》（即《泉史》）上、下卷，约6 000字，上卷为"泉品述"，辑录各种泉品及故事50余款；下卷为"茶品述"，辑录有关茶饮的史料30余款。

龙膺在跋文中"友弟"落款，足见两人关系非同一般。《罗高君集》有《夏日龙君御园林六首》等唱酬诗作十多首，其中《留别龙户部公八首》之二写到茶事：

> 鲁开衙舍引诸生，煮茗闻香一座□。
>
> 今日山斋重对话，令人倍感昔年情。

据龙膺记载，序文之前19年，应为万历二十一年（1593）春，罗廪曾去龙膺家乡游历，并现场采茶炒制烹饮，印象深刻：

> 中岁自祠部出，偕高君访太和，辄人吾里，偶纳凉城西庄，称姜家山者，上有茶数株，翳丛薄中，高君手撷其芽数升，旋沃山庄铛，炊松茅活火，且炒且揉，得数合。驰献先计部，余命童子汲溪流烹之。洗盏细啜，色白而香，仿佛松萝等。

根据下文记载，《茶解》是寄给龙膺作序的：

顷从皋兰书邮中，接高君八行，兼寄茶解，自明州至。亟读之，语语中伦，法法人解。赞皇失其鉴，竟陵儳其衡。风旨泠泠，惕然人外，直将莲花齿颊，吸尽西江，洗涤根尘，妙证色香味三昧，无论紫茸作供，当拉玉版同参耳。予因追忆西庄采啜酣笑时，一弹指十九年矣。

诗记从儿煮茗粥

泽国多炎热，匡林坐屡移。

秋菰真顾作，粃糠独何为。

茗粥从儿煮，云山向枕披。

不堪宁止七，庄叟信我师。

茗粥从儿煮

云山向枕披

沈同卿录罗廪茶诗句

澤石散人沈元发

这首题为《炎热》的涉茶诗，记载了罗廪在一个炎热的秋日，在山庄享用堂房侄子煮的茗粥，佐粥的有江南佳蔬"秋菰"——茭白，他希望能像庄子那样，超然物外，静心自凉。

该诗虽非名篇佳作，个别词句还较费解，但留下了一个记载茗粥的重要信息。

"茗粥"指用茶叶煮的粥，一般认为始于唐代，唐杨晔《膳夫经手录》记载：

宁波慈城籍著名书法家、罗廪同乡沈元发（1941—2019），2009年仲冬录罗廪茶句

茶，古不闻食之，近晋宋以降，吴人采其叶煮，是为茗粥。

唐储光羲《吃茗粥作》是最早记载茗粥的诗：

淹留膳茗粥，共我饭蕨薇。

有人以为唐之后就未见茗粥了，其实文人雅士、佛门僧侣、茶乡山农一直在享用茗粥，宋秦观《绝句三首》之二就写到为老僧煎茗粥：

偶为老僧煎茗粥，自携修绠汲清泉。

罗廪的茗粥诗句则是明代文人雅士吃茗粥的见证。

从《膳夫经手录》记载来看，古人是以青叶煮茗粥的，当代则青叶或茶汁煮茗粥均有，很多人还用茶汁煮饭，香软可口，有利保健。

朱舜水趣言"王者之道本无新奇，只是家常茶饭耳"

偶然读到国民党元老、著名书法家于右任，以朱舜水语书赠好友任甦条幅："王者之道本无新奇，只是家常茶饭耳。"读后大呼霸气！

对普通人来说，王者之道高深莫测，高不可攀，但对朱舜水这样的大儒来说，绝非妄言或虚言，笔者理解实为趣言或豪言，其明末和南明期间，曾三次被皇帝特征未就，有"征君"雅称。对其来说，如愿意辅佐朝廷，确能驾轻就熟，犹如家常茶饭。

此语既为大儒政论，亦为茶文化不可多得之雅句，丰富了茶文化文献。笔者阅历有限，目前此语仅见于于氏条幅，未知出于何时何地何书。

朱舜水（1600—1682），名之瑜，字鲁屿。舜水是他在日本取的号，意为"舜水者敝邑之水名也"，以示不忘故国故土之情。浙江余姚人，明末贡生。明末清初著名学者、教育家。与王阳明、黄宗羲、顾炎武、颜元并称为明末清初五大学者，并与严子陵、王阳明、黄宗羲并称"余姚四先贤"。8岁丧父，从小聪颖好学，却轻视功名。清军南下，积极从事抗清斗争，先是追随寓居舟山的鲁王，后又参加抗清名

将郑成功、张煌言的北伐战斗。明永历十三年
(1659)，看到清政权日趋巩固，复明无望，毅
然辞别国土，流亡日本。寄寓日本24年，在长
崎、江户等地授徒讲学，仍着明朝衣冠，追念
故国。

朱舜水将中国浙东学派尊史、尚史的重史
学风传到日本，同时传播中国先进的农业、医
药、建筑、工艺技术，其学问和德行受到日本
朝野之礼遇和尊崇，其学术思想对日本有很大
影响，为日本的繁荣与进步作出了贡献，被誉
为日本明治维新之思想启蒙者。他还协助德川
光圀编纂《大日本史》，死后由德川光圀父子
将其讲学的书札和问答，辑为《朱舜水文集》
二十八卷刊印。

于右任行草：王者
之道本无新奇，只是
家常茶饭耳

题款：任甦先生正，
朱舜水先生语，于右
任。钤印：右任

《余姚朱氏宗谱》
刊载的朱舜水画像

茶叶清芬甘美胜花果

朱舜水主要在日本传播茶文化，是"海上茶路"代表人物之一。《朱舜水文集》辑有诸多茶文化书札、论述，最著名的当数《漱芳——应一得斋谷重代之需，名抹茶壶》：

> 百卉之芬芳，在花与实，惟茶则在乎叶之萌。在花者，花落而香陨。在实者，果尽而甘渝。惟茶则沏以龙团，瀹之蟹眼，玉碗擎来，素瓷传送。先声肇乎鼻端，亲炙在乎唇齿，历乎喉舌，沁乎心脾，盥漱之间，津津乎其有余味。清芬甘美，久而不歇。神为之爽，目为之明，固非凡卉之所能庶几也。是以雅人韵士，其湛之也过于酒，甚者有"七碗吃不得"之歌，有以夫。

朱氏认为，茶叶与各种花果相比，花落而香陨，果尽而甘渝，茶则能长期储藏，随时品饮，玉碗擎来，素瓷传送，清芬甘美，久而不歇，神为之爽，目为之明，这是花、果无法比拟的，高度赞美了茶叶的自然功用价值和审美属性。此语不失为朱氏高论。

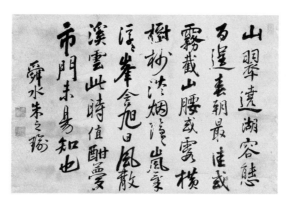

朱舜水行书代表作之一，录高濂《四时幽赏录·保俶塔看晓山》选句："山翠绕湖，容态百逞，春朝最佳。或雾截山腰，或霞横树杪，淡烟隐隐，岚气浮浮，峰含旭日，风散溪云，此时值酣梦，市门未易知也。"

日本赠茶、受茶书札多

朱舜水在日本，常以茶叶与日本文友相互馈赠，《朱舜水文集》留有多份书札。如赠茶的有：

《与古市务本（古市主计）书》：唐茶一箱奉上，希照存！即刻命使以好茶瓶贮之，市间瓶罂盛之即温，不可用也。午后间三省去，前已说过，何不佞遗忘至此，可见老年人无用也。途间千万谨慎，千万保重！冗甚，勿作回字。拜祈以此语令岳，不一。

《答野节书》：朔日在外朝久候，因已过朱，是以速往储宫。曾烦内班致意，未知曾达清听否？连日未得晤语，明日造朝，或可面罄也。

唐茶因天色不佳，久迟。兹奉上一瓶，惟希照存。不既。

其中"唐茶"即为中国茶。日本习惯将中国称为"唐"，如历代上等中国器物传到日本，均称为"唐物"。这些"唐茶"当是国内亲友陆续补充给他的。

记录受茶的有：

《与释逸然书》：昨贶新茶，瓯擎苍璧，喉香津津，大沃明德矣。和尚多羞，且身自拮据，而举以饷野人，不安之意，过于感颂。因客在坐，恐起身作答，似促其行，故奉谢迟迟，希勿为罪！

《答野傅书》：远涉泥泞，劳驾为多，虽半日相聚，奈为梓人所扰，未得款言。脱粟羹藜，本是儒家风味，而世俗之情，未免以为裒。台兄反加之以谢辞，愈增愧赧矣。

承惠新茶，即可瀹茶，初制便能如此，可见妙手巧心。若更有可制者，即芽茶不妨尽采。一则摘取之后，明年别发新枝；一则今年屡试，来年必更精好。若节气已迈，此弟造府迟迟之过，非茶之咎也。

此类书札，尚有很多，限于篇幅，不做赘述。

日本友人小宅生顺，曾为煎茶与点茶、瀹字之义问茶于朱舜水，《朱舜水文集》记有《答小宅生顺问茶》：

问：唐山有煎茶久矣。唐陆羽、龟蒙、卢仝、张文（又）新等，皆有煎茶诗。宋朝有点茶诗。煎也，点也，其别如何？

答：自宋以来，皆用点茶。所谓点茶者，点汤也。水大沸，恐伤茶气，先用冷水数匙入於汤中而瀹茗，则气味俱全，故曰点茶。煎茶别自一种，如六安等茶，则久煮而后味全，故亦有煮茗之说。然煎茶、点茶，世人亦互用之，不甚别也。

问：瀹字义如何，六安何谓也？

答：瀹者，泡也。入半汤入茶，又加汤注满为瀹。六安，地名，产茶甚佳。能消积滞油腻，故须久煮而味足耳。

这二问二答，说明朱氏深谙茶文化之道。

雪夜书录日本茶禅诗

朱舜水早期在国内墨迹少见流传，主要留存在日本，其中一幅为书录山懒禅师《梅花小集》其一之茶禅诗：

矞成不说老婆禅，信口呼来勒一先。

韵冷石窥枝上月，玉寒香喷洞中天。

品茶趣入清腊古，因话情从傲骨玄。

荑袭深丛夸独露，山翁别有个生缘。

该书帖落款为：右山懒禅师《梅花小集》其一，庚寅雪夕漫书于雪舫。古越朱之瑜。钤印：朱之瑜印、楚屿父。说明该书帖作于清康熙七年（1668）庚寅某雪夜。

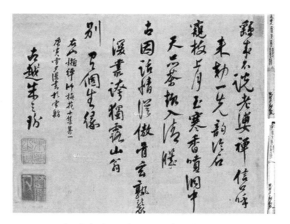
朱舜水书日本山懒禅师茶禅诗

查国内文献，尚未发现山懒禅师及《梅花小集》，其人当为日本禅师。清代之前，如嵯峨天皇等很多日本士大夫都通晓汉语，能用汉语赋诗作文，如这位山懒禅师茶禅诗就引用了"老婆禅"等中国佛教典故。"老婆禅"为佛教语。谓禅师苦口婆心，多方设教，反复叮咛如老婆婆。出自唐《镇州临济慧照禅师语录》："河阳新妇子，木塔老婆禅，临济小厮儿，却具一只眼。"

作为一代名儒，朱舜水茶语、茶论不失创见，惜生于乱世流亡日本，如逢太平时代，当有更多贡献。

黄宗羲更阑犹试瀑布茶

历史悠久瀑布茶

浙江余姚名茶瀑布仙茗历史悠久，继陆羽《茶经》之后，历代诗文中多有提及，其中最著名的茶诗，是明末清初余姚籍思想家、文学家、浙东学派鼻祖黄宗羲的茶诗《余姚瀑布茶》，又名《制新茶》。

黄宗羲（1610—1695），字太冲，号梨洲，又号南雷。父黄尊素为东林党重要人物，因揭露魏忠贤罪恶为阉党诬陷，冤死狱中。黄宗羲深受家庭影响，重气节，轻生死，反对宦官和权贵，成为东林子弟的著名领袖。19岁时，趁祸害朝廷的阉党失势之际，袖藏铁锥进京为父复仇，于公堂锥击阉党中坚许显纯，并在朝廷据理力争，迫使皇帝下旨处死阉党头目。如此壮举，名声大振。清兵南下，起兵抗击，不

黄宗羲画像

利，走入四明山，结寨自固，又依鲁王于海上。与宁波同乡张苍水、朱舜水一样，是著名的反清复明代表人物之一。抗清失败后从事著述。反对明末空洞浮泛的学风，倡言治史，开浙东研史之风，为清代史家之开山祖。并对经学、天文、历算、数学、音律诸学都有很深造诣。清廷多次企图罗致他，威逼利诱，终不为所动，坚不赴征，表现了坚定的民族气节。著有《宋元学案》《明儒学案》《明夷待访录》等，编选《明文海》600卷未刊行。

更阑不忘尝新茶

瀑布仙茗产于四明山白水冲道士山瀑布岭。四明山还有一处有名的化安双瀑，因流分二注而得名，山上山下也种有茶树，亦称瀑布茶。黄宗羲晚年在化安山筑龙虎草堂，归隐于此。读书著作之余，他与家乡的瀑布茶结下不解之缘。他在《余姚瀑布茶》中这样写道：

檐溜松风方扫尽，轻阴正是采茶天。

相邀直上孤峰顶，出市都争谷雨前。

两筥东西分梗叶，一灯儿女共团圆。

炒青已到更阑后，犹试新分瀑布泉。

这是一幅富有生活气息的农家茶乐图。采茶以晴天为最好，但清明谷雨时节难得放晴，因此阴天也要抓紧。黄宗羲扫完草堂前的松针落叶，便抓紧与家人、童仆还有其他山民攀上顶峰，采摘雨前茶。晚上归来，一家人又忙着在灯下分拣梗叶，炒茶杀青，通宵忙碌，辛勤劳作。最后一句堪称点睛之笔：制好了新茶，已是五更将尽，晨曦初露。虽然睡眼蒙眬，但作为一位爱茶人，此时此刻用瀑布泉泡上一杯瀑布新茶，品尝劳动果实，顿时身心舒坦，疲劳顿消，该是何等的惬意与享受！此情此景真是茶人的一大快事，唯有黄宗羲这样热爱生活，懂得种茶、制茶、品茶的世外隐士才有福消受。

"犹试新分瀑布泉"的"泉"字，既为诗歌押韵，也写出了化安双瀑的特定环境。

诗与新茶寄四女

黄宗羲还有一首《寄新茶予第四女》也写到瀑布茶：

新茶自瀑岭，因汝喜宵吟。

月下松风急，小斋暮雨深。

句残灯落蕊，更尽鸟移林。

竹光犹明灭，谁人知此心。

也许是女儿未嫁或回娘家，黄宗羲在《余姚瀑布茶》中写到"一灯儿女共团圆"。这次则不同，这位爱茶而又经常夜吟的四女未回娘家采新茶。诗人想得周到，立即为爱女寄去新茶并诗作，这也是黄宗羲作为茶人、诗人的专利。可以想象，当颇有乃父之风的四女，收到浸润着浓浓父爱的香茗和新诗，一定又要挑灯品茗，并为父亲和诗，可惜未见传世。

为爱女寄新茶，还引发了诗人的诸多人生感慨：雨夜人静，月儿时明时暗，灯下独坐，苦觅残句，黎明将至，飞鸟移林。清净孤寂之中，壮士内心且如漫山松涛起伏动荡：为父报仇，锥击阉党，揭"世忠营"，反清复明，不思仕途，潜心著述，耕读自足……壮志未酬，有谁能知我这烈士暮年之心？唯有向懂诗的爱女略作倾诉！可见诗人寄茶只是引子，而诗义远在茶外。

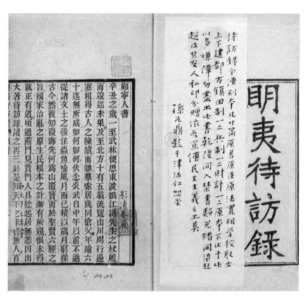

黄宗羲《明夷待访录》古本书影

"药灶茶铛"山居乐

黄宗羲诗文著述宏富。可想而知，家乡的瀑布茶是他源源不绝的文思，是茶香浸润着他的笔墨。《山居杂咏》是他诗词的代表作，其中之一"死犹未肯输心去，贫亦其能奈我何"被视为不畏强暴、贫贱不移的述志名句。之六则写出了他在山居耕读自给自足的快乐：

数间茅屋尽从容，一半书斋一半农。

左手犁锄三四件，右方翰墨百千通。

牛宫豕圈亲僮仆，药灶茶铛坐老翁。

十口萧然皆自得，年来经济不无功。

诗句极写出了诗人作为书生农夫的自信与潇洒。茅屋中文房四宝与犁耙刀锄并存，既能拽耙扶犁，又能著书立说，只有归隐山居的大儒黄宗羲才有这般风景。除了种植五谷，诗人还植茶种药，"药灶茶铛"便是写照。当代炒茶用的是圆底锅，笔者从词典中查到，"铛"是一种烙饼的平底锅，说明明代炒茶有用平底锅的。除了药材、茶叶，黄宗羲还种过百合、水果等，说明他是一位很地道内行的农家。因为有"药灶茶铛"的经历，下文写到他到庐山考察白居易香炉峰草堂遗址时，对大诗人的"药圃茶园"颇感兴趣。

黄宗羲是伟大的，身为大儒而能胜任农耕，养活一家十口还绰绰有余，这是很多古今儒生望尘莫及的。

黄宗羲又是幸运的。文武全才的他，本是国家栋梁，可作名将良相。乱世造就了他的矛盾心理：既痛恨明皇朝的腐败，又不肯屈服于清皇朝，这是这位大思想家生不逢时的历史悲剧。但幸运的是，尽管晚清腐败软弱丧权辱国，但开国的顺治、康熙皇帝却不失睿智、开明，他们器重黄宗羲的才华，对他网开一面，并未追究他反清复明、抗旨拒召而灭他的九族，容他在山居安乐品茶，耕读著述，得以善终，又有思想巨著传世。

黄宗羲书法扇面

《匡庐游录》记茶、泉

黄宗羲撰写的游记《匡庐游录》，富有科学和史料价值，文中记述的庐山物产，细致翔实，常为后代专家、学者所引用。其中不乏提到茶和泉。

在记述一老僧的言语时，黄宗羲无意中留下了茶园砍伐更新"台刈"的最早文字记载："一心（白石庵老僧）云，山中无别产，衣食取办于茶，地又寒苦，茶树皆不过一尺，五六年后梗老无芽，则须伐去，俟其再蘗。"

"台刈"是茶树、果树新陈代谢砍伐更新的专业术语。如茶树"台刈"时，一般只留下10厘米左右树干，让它重新抽芽复壮。据专家考证，《匡庐游录》是最早记载茶园"台刈"的文献。

写到庐山云雾茶时，则有这样的记述："其在最高者为云雾茶，此间名品也。白香山（白居易）'药圃茶园为产业'，信非虚语。"

"药圃茶园为产业，野麋林鹤是交游。"这是白居易《香炉峰下新卜山居草堂初成偶题东壁》中的诗句，记载了诗人当年在庐山香炉峰下构筑草堂植茶种药的仙家日子。身为史学家、文学家，又有"药灶茶铛"同好的黄宗羲，在实地考察云雾茶产地后，自然想起了大诗人的植茶种药诗句，认为是"信非虚语"。

同样在对庐山南、北香炉峰的比较中，黄宗羲对大诗人李白的《望庐山瀑布》原地作了记述，指出李白诗中的瀑布是南香炉峰："北山之香炉峰，在峰于庐山为东，登之亦无瀑布可见，（与白诗）不相涉也。"

黄宗羲还在《匡庐游录》中记述了庐山三叠泉的险峻及攀登之苦："倚壁有小径，出荆刺之下，遇其绝壁，则涧中，涧水不测，则攀危石而过，登顿怒涛间。……至泉下，劳悴则十倍矣。"

郑溱父子瞭舍采茶赋长诗

异曲同工《制新茶》

在宁波历代茶诗中，较为著名的除了黄宗羲的《余姚瀑布茶》，还有其慈溪慈城籍好友郑溱写的《家人夜制新茶》，两诗有异曲同工之妙：

> 高冈茗草并兰生，制茗当如兰馥清。
>
> 彻夜经营调火候，全家揉焙到天明。
>
> 老夫倦睡两三觉，小鸟唤呼千百声。
>
> 起瀹天泉香入口，建溪顾渚浪垂名。

此诗不仅标题相同，内容亦大同小异，同样是全家出动采制新茶，同在四明山茶区，同样是用山泉烹茗尝新，两地相距约十公里，黄宗羲的隐居地是在化安山双瀑附近，郑诗中首句"高冈"指的是原慈溪今余姚贡茶产地冈山。四明山茶区多兰蕙，如当地国家高山有机茶之乡大岚即为大兰的谐音。茶叶揉搓焙制后会有天然兰香，将茶香中的兰香与当地兰花融于诗中，体现了独特的地域特色。"全家揉焙到天明""起瀹天泉香入口"则与黄宗羲诗中"炒青已到更阑后，犹试新分瀑布泉"诗意相仿，将爱茶人品尝新茶的迫切心情跃然纸上。

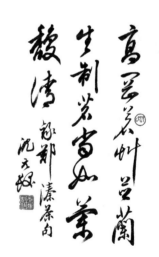

宁波慈城籍著名书法家、郑溱同乡沈元发，2009年仲冬录郑溱茶句：高冈茗草并兰生，制茗当如兰馥清

郑溱（1612—1697），字平子，号兰皋，别号秦川。明慈溪慈城（今江北区慈城）人。生而颖慧，弱冠游庠，穷研六经，手披口诵，著作等身。中崇祯十三年（1640）副榜，后贡入监。入太学一年，被祭酒列为十八名上荐者之一，毅宗朱由检拟以优异破格录用，因权贵反对未果。遂约通列拜疏归乡。明亡后，终身不复言仕，埋身江上，五十年不入城市，读书授徒以奉其亲。兵荒时，虽无隔宿之粮，而仍处之怡然。对仕清而显达的故旧，不愿往来，求见亦不接纳。晚以著述自误，寿86岁。著有《易象大旨》《三坟衍义》《诗经萃华》《正统萃华》《书带草堂诗选》《书带草堂文集》《文选》等。

郑溱子郑梁（1637—1713），字禹梅，号香眉、寒村等。天资高迈，从黄宗羲游。康熙二十七年（1688）进士，官至会试同考官、广东高州知府。父卒因悲伤过度而致半身瘫痪，故改名风，号半人。嗜书，藏书丰富，曾谋筑"二老阁"以贮之。善书，工诗，深得黄宗羲赞赏。著有《寒村诗文集》等20多种。《浙江人物简志》（浙江人民出版社1986年版）有郑溱、郑梁父子小传。

二老多有相似处

郑梁谋筑"二老阁"藏书楼的宏愿是由儿子郑性完成的。郑性同为黄宗羲学生，康熙六十年（1721），郑性建"二老阁"于慈城半浦，将本家和黄宗羲两家著作、藏书汇于一处。"二老阁"意为纪念黄宗羲与祖父秦溱，可与宁波范氏天一阁媲美，成一时佳话，惜毁于大火。

虽然郑溱没有黄宗羲有名，但二老多有相似之处：除了爱茶之外，二老寿数相同，均为86岁，只是郑溱晚黄宗羲两年，这在古代已属高寿；二老均著作等身。最为重要的是，二老均为反清志士，虽然郑溱没有像黄宗羲那样积极投入抗清斗争，但他拒绝出任清廷官员，拒绝与仕清而显达的故旧交往，同样显示出强烈的民族精神和爱国情怀。

清嘉庆八年（1803）袁钧撰、梁同书书《二老堂记》长卷

立夏采茶赋长诗

除了《家人夜制新茶》，郑溱还留有茶诗——《立夏日瞭舍收茶》：

> 春尽寒过暖气蒸，绵衣才卸葛衣承。
> 雷声隐隐平林绿，日影咙咙乳雀应。
> 花到夏来开易落，人于老去醉无朋。
> 深山一雨茶芽长，收焙还夸七碗灯。

此诗记载了诗人立夏日到深山采茶的情景和由此生发的感慨。瞭舍为鄞县古村名，今属海曙区横街镇，已更名惠民村。地处深山，海拔500多米，据说原名獠狰，寓意常有野兽出没，还用过瞭舍、聊沙等村名，新中国成立后为纪念在解放战争期间英勇牺牲的当地村民郑惠民，始用今名。有道是"人间四月芳菲尽，山上桃花始盛开"。山高地寒，不要说古代立夏采春茶，当代亦如是。如全国名茶产地宁海望海岗，海拔900多米，每年都是立夏前采名茶，立夏后采大宗茶。

瞭舍距慈城20多公里，需要翻山越岭，可见爱茶的诗人是下了决心去深山采茶的——路途遥远，当天很难来回，需要在山民处借宿。

立夏采茶，诗人触景生情，生发出很多感慨：夏茶易老，夏花易落，老者无能，连喝酒也少了朋友，好在还有"七碗"清茶可以长相伴。

郑溱另有涉茶诗句："烹茶供客醉，凿笋济年荒"（《吉祥寺即景》）；"紫金长护白云窝，蔼蔼茶坪嫩蕊多"（《吉祥寺八景·白云窝》）等。

郑梁与父亲同有爱茶雅好，也曾去瞭舍一带采制新茶，留有《瞭舍采茶杂咏四十三首》，为历代采茶诗之最。仅选六首如下：

> 手制名茶冠一方，龙潭翠与白岩香。
> 犹疑路远芳鲜减，瞭舍山中自采尝。
>
> 鲜茶出笼蕙花香，剪取旗先摘去枪。
> 猛火急揉须扇扇。半斤一夜几人忙。
>
> 炒青渐向镬头干，灶冷灯昏仆已鼾。
> 壁外乳泉流不绝，一声鸦过报更阑。
>
> 倦游暂憩一僧家，度岭穿林更踏沙。
> 满路轻风香触鼻，谁分兰蕙与茶芽。
>
> 连夜匆匆为炒茶，今晨始得访邻家。
> 山灵似怪探幽嫩，满谷云岚着眼花。
>
> 渡江三里即吾家，回首山中正雾遮。
> 吹火烹茶先荐祖，阖家次第品新茶。

龙潭、白岩均为当地附近之山名，与瞭舍一样，古时多有野生茶。诗句描写了瞭舍山茶的优异品质和采制茶叶的艰辛，山上多兰蕙，兰香与茶香交汇，沁人心脾。最后一首描写诗人采茶需要渡江三里，说明离家不远。回家连夜制茶，先敬祖宗，再阖家品茶。全诗富有生活气息。

郑溱父子同为瞭舍茶吟诵，堪称佳话，为难得之地方茶文化史料。

郑梁另有涉茶诗句"团圞老幼昌阳酒，荡涤心脾谷雨茶"（《午日归自赭山，移榻书带草堂》）等。郑溱孙郑性、王世孙郑勋均有茶诗留存，殊为难得。

万斯同：《茶经》启发成大器

2015年高考作文素材——《万斯同闭门苦读》，其提示内容为：清朝初期的著名学者、史学家万斯同，参与编撰了我国重要史书《二十四史》。但万斯同小的时候也是一个顽皮的孩子，还由于贪玩，在宾客们面前丢了面子，从而遭到了宾客们的批评。万斯同恼怒之下，掀翻了宾客们的桌子，被父亲关进了书屋。万斯同从生气、厌恶读书，到闭门思过，并从《茶经》中受到启发，开始用心读书。转眼一年多过去了，万斯同在书屋中读了很多书，父亲原谅了儿子，而万斯同也明白了父亲的良苦用心。万斯同经过长期的勤学苦读，终于成为一位通晓历史、博览群书的著名学者，并参与了《二十四史》之《明史》的编修工作。

宁波鄞县（今海曙区）籍杰出史家万斯同闭门苦读，从《茶经》中受到启发终成大器的故事，自此为学校师生和知识界人士家喻户晓，成为著名励志经典之一。

万斯同手定《明史稿》五百卷，为《明史》主笔和实际总裁。该书具有较高的史学和文献价值，为《二十四史》之佼佼者。

　　万斯同成才离不开父亲万泰与名师黄宗羲教诲，而父亲爱茶家藏《茶经》也是机缘之一。本文简记万泰、万斯同父子茶事。

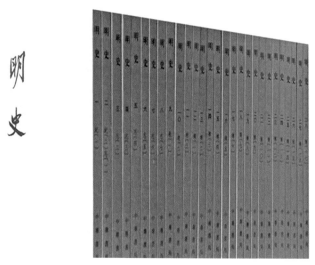

由万斯同主笔的《明史》，为《二十四史》之佼佼者

万泰：爱茶藏书备《茶经》

　　万泰（1598—1657），字履安，晚号悔庵，鄞县（今鄞州区）人。学者、诗人、义士、官员。万斯同父。从学于刘宗周。曾与黄宗羲、顾杲、杨廷枢等聚讲于南京，以激扬名节自任。崇祯九年（1636）举人，曾任户部主事。明亡避至榆林，衣道士服，榆林遭战火遂归鄞。清兵下浙，以奇计救出高斗枢、李桐、黄宗炎等诸多抗清义士。有李氏出狱亡于杭，运其尸归葬。晚年游粤东返棹归，有同年生毛汧，染疫将死，同船将弃，其独守护调药使毛得生，而自己染疾，病逝于江西途中。长于文学，工诗。八儿斯年、斯程、斯祯、斯

昌（负才早殁）、斯选、斯大、斯备、斯同各有成就，人称"万氏八龙"，以斯同最著。著有《万履安行卷》《寒松斋集》《明州唱和集》《怀剡诗》等。

爱茶，家中备有《茶经》。曾约诗友徐掖青，到天童寺所在地太白山采茶，留有茶诗《约掖青入山采茶》：

> 东山有太白，其峰高且寒。密筱饱宿雾，古松临清澜。
> 草木副真性，秀色皆可餐。灵芽当春时，吹气胜于兰。
> 碧玉千万枝，茸茸抽巑岏。吾友山泽癯，灏气天所完。
> 春衫入青林，烟云收一箪。低回就丛薄，凌露手自抟。
> 珍重胡靴腴，弃置霜荷残。既分榰蔎味，亦别茗莽观。
> 择枝得颖拔，蒸焙穿封干。白花傲粉乳，紫面欺龙团。
> 天味殖嘉卉，幽赏非恒欢。煮之清冷泉，泉冽火欲安。
> 一啜齿颊芬，再啜澄心肝。世人饱食肉，酒行急于湍。
> 何如拊瓶钵，坐对千琅玕。指点定品格，两腋清风宽。
> 东溪与北苑，紫盏把来看。

该诗记述某年早春时节，诗人约好友徐掖青去东乡天童寺所在地太白山采茶，归来制作并烹煮品饮，认为可与宋代贡茶东溪与北苑媲美。全诗语言洗练，富有茶香诗韵。

徐掖青系诗人志趣相投之同邑文士，工诗，余姚籍大儒黄宗羲作有《寿徐掖青六十序》；善制茶，同乡文士李邺嗣作有《观掖青手制夏茗》。

万斯同：《茶经》启发成大器

万斯同（1638—1702），字季野，号石园，私谥贞文。著名史学家。万泰第八子。从兄同受学黄宗羲，学问益进。崇尚气节，亦以明遗民自居，绝意仕途。康熙十七年（1678），浙江巡抚荐应博学鸿词科，力辞不就。次年，清廷诏修《明史》，总裁徐元文以翰林院纂修官受七品俸举荐，复力辞。后秉承父、师嘱托，尤被黄宗羲寄赋诗相勉"四方声价归明水，一代贤奸托布衣"，才以布衣入京修明史，不署衔，不受俸，被徐元文请至家中。后《明史》总裁由张玉书、陈廷敬、王鸿绪继任，均以礼相待。其博闻强记，博通诸史，尤精明史，纂修官每篇初稿完成后，均由其复审。其审阅后即告诉编纂者，取某书某卷某页，某事应当补入，某事应当核实，无一谬误。于史馆19年，不居纂修之名，隐操总裁之柄，撰成列传三百卷、表十三卷、宰辅会考八卷、河渠志十二卷，最终手定《明史稿》五百卷。在京屡开讲席，启导后学。自署"布衣万斯同"。晚年双目失明，仍口授答问、讲学，卒于明史馆。另著有《历代史表》《纪元汇考》《儒林宗派》《群书疑辨》《石园诗文集》等。

依据《鄞江送别图》描绘的万斯同画像

万斯同喜爱家乡茶，已见有茶诗两首。其中《鄮西竹枝词五十首》之一为茶、泉诗：

天井山茶味自长，它泉烹酌淡而香。

并论太白谁优劣，一任闲人肆抑扬。

（作者自注：一、鄞泉以它山为上，不减锡山二泉。二、太白山在东乡，亦产茶）

诗人赞美家乡天井山、太白山茶都是好茶；它山泉水则可与无锡惠山泉媲美。当地它山堰修建于唐代，与郑国渠、灵渠、都江堰合称为中国古代四大水利工程，2015年入选世界灌溉工程遗产名单。当地附近今有五龙潭千亩茶场，"它山堰"今为海曙区茶叶公用品牌。假如万氏泉下有灵，当再赋新诗也。

另有茶诗《赠友人》云：

团瓢结得在山冈，茗碗书签共一床。

学得山翁栽芋术，钞来邻女制茶方。

月临破屋人无寐，春入田家雀有粮。

似此风流原不恶，人间浊水任浪浪。

　　友人在团瓢峰一带农耕，品茗读书，居于深山，远离红尘，未必不好。团瓢峰位于鄞县南部金峨山，唐大历元年（766），制订《百丈清规》的高僧百丈怀海，曾云游到此，于团瓢峰下结茅建庐，创建罗汉院，后改名金峨寺，附近有茶园。

《鄞江送别图》局部（图中有4人手持茗碗，2名童仆在侍弄茶水）

鄞江送别　茶饮饯行

　　宁波天一阁博物馆藏有一幅描绘万斯同等浙东学派重要人物活动的《鄞江送别图》手卷，该图由甬籍著名收藏家、篆刻家秦康祥儿子秦秉年，近年连同8 000多件珍贵器物和326种古籍2 318册一起捐赠的。

该图系宁波著名肖像画家陈韶的作品，纸本设色，纵40厘米，横254.3厘米，描绘康熙十八年（1679）秋天，万斯同、万言叔侄赴京修《明史》时，甬上文人送别的场景。笔墨严谨，风格写实，人物传神，山石树木极为工整，画中有15位文人，都是万斯同亲友，有姓有名，如今人们所见的如上图万氏等人画像，均源于此画。这幅画成了浙东学派重要实物文献。

古今送别，一般以酒饯行，难得的是，该图画中人物却是以茶饯行。图中绘15文士，另有4名童仆。图中人物，或煮茶啜茗且谈且饮，或挟卷执册而行，或徘徊松岗水滨，或凭石而倚，卷尾画苇草丛中一叶孤舟，寓含送别之意。图中有4人手持茗碗，2名童仆在侍弄茶水，随时为文士们送茶续水，因此此图亦为珍贵之茶画，说明甬上文人以茶饮饯行，与万斯同叔侄在鄞江之畔依依惜别。

叶隽《煎茶诀》著称日本

清初笔者同乡、浙江宁海越溪文士叶隽，字永之，旅居日本，生平未详，按照同时代日本著名茶人卖茶翁原名（1675—1763）生卒年推算，约为康熙晚期至乾隆初、中期在世。日本现存其所著《煎茶诀》有3种版本，其中一种版本署名"清国叶隽永之撰"，另两种分别署名"越溪叶隽永之撰"。

日本卖茶翁写过汉语诗《试越溪新茶》，综合日本相关史料，或为其品尝叶隽所赠茶叶之后所作。

本文对叶隽《煎茶诀》和卖茶翁《试越溪新茶》，作一简介并浅析。

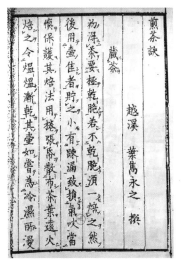

日本明治本《煎茶诀》　　　　　日本明治戊寅本《煎茶诀》
署名"清国叶隽永之撰"　　　　　署名"越溪叶隽永之撰"

日本流传三种《煎茶诀》

　　日本现有用日文假名标注的三种《煎茶诀》刻本：一是宝历（1751—1764，清乾隆十六年至二十九年）本，现藏大阪中央图书馆；二是明治戊寅（1878，即清光绪戊寅四年）等两种明治版本。三种版本刻印时间相差120年左右。

　　现存宝历本并非原刻本，而是宽政丙辰（1796，清嘉庆元年）重刻增补本，与原刻本相差40年左右。原刻本可能是叶隽晚年或逝世稍后版本，已经失传。宽政丙辰重刻增补本署名越溪叶隽永之撰，蕉中老衲补。蕉中老衲即大典禅师（1719—1801），别号不生道人，系著名茶人，著有《茶经评说》，为《煎茶诀》增补了一些内容，在叶氏原文中掺杂了一些本人煎茶体会。跋语作者木孔恭（1736—1802），名前冠"浪华兼葭堂"，为当时大阪著名儒商、收藏家，多珍本秘籍，本书的刊印当经其手。

明治戊寅本由小田诚一郎校点，删去了蕉中增补部分，专家认为该本还原了叶氏《煎茶诀》原貌，并有明治时慈溪慈城籍著名文学家、书画家、旅日华人王治本（1835—1907）序言。

日本茶书不多，《煎茶诀》在日本茶书中具有一定地位。2007年，商务印书馆（香港）有限公司出版的《中国历代茶书汇编校注本》，将上述两种版本均收录其中，由郑培凯、朱自振校注。

收录叶隽《煎茶诀》明治戊寅、宝历本的《中国历代茶书汇编校注本》，2007年由商务印书馆（香港）有限公司出版

《煎茶诀》分藏茶、择水、洁瓶、候汤、煎茶、淹茶六章600多字。各项叙述言简意赅，颇得要领，为日本同时代同类茶书之佼佼者。如第三则《洁瓶》云：

> 瓶不论好丑，唯要洁净。一煎之后，便当辄去残叶，用粽扎刷涤一过，以当后用。不尔，旧染浸淫，使芳鲜不发。若值旧染者，须煮水一过，去之然后更用。

茶瓶即为煮茶之瓶，叶氏认为，每用一次就要刷洗一遍，以备再用。不然，茶瓶就会染上茶渍茶垢，不再光鲜。如若染上茶渍茶垢，则要用水煮清洁去色。从这些细节，可以看出叶氏饮茶颇为讲究，《煎茶诀》为其心得之作。

木孔恭在跋语中评论说："《茶诀》一篇，语不多而要妙尽矣。"

其中明治刊本另附明代宁波著名茶人、文学家、戏剧家屠隆《考槃余事·茶说》七章，分别为茶具、书斋、单条画、袖炉、笔床、诗筒葵笺、印色池。作者自注："右（上）七项，载屠龙（隆）《考槃余事》，聊采录以示诸君子。"由此可见刊本作者大典禅师对屠隆《考槃余事》之认同和重视。

明治戊寅本附有王治本自撰自书《煎茶诀序》，为之锦上添花。其中写道："夫一草一木罔不得山川之气而生动也，唯茶之得气最精，因能兼色香味之全美焉。……人之气配义与道，茶之气配水与火，火济而茶之能事尽兮，茶之妙诀得兮。友人以《煎茶诀》索序，予为之详叙如此。"

同年七月，比王治本小8岁的旅日慈溪慈城同乡书画家冯雪卿（1844—1926），手录《煎茶诀序》，留下了难得之文献。

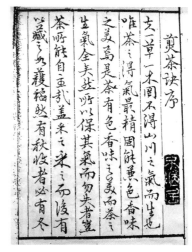

慈溪慈城籍著名文学家、书画家旅日华人王治本自撰自书《煎茶诀序》

尽管当时宁海属台州（今属宁波），慈溪属宁波，但远在异国他乡，则为浙江同乡。两位慈城籍书画家同时书同乡前辈作序、书录《煎茶诀序》，一是说明二人均有饮茶雅好，比较认同叶氏《煎茶诀》，尤其王治本序言颇得茶之三昧；二是说明日本茶界非常推重叶氏《煎茶诀》，因此在再版时请同乡名人为其作序。

卖茶翁赋诗《试越溪新茶》

除了《煎茶诀》，日本著名的卖茶翁写有汉语诗《试越溪新茶》。卖茶翁原名柴山元昭（1675—1763），出过家，还俗后自称高外游。其热爱并推广中国茶文化，尤钟煎茶法，与沿袭中国宋代抹茶法的茶人形成鲜明对比。其57岁以后，实践以茶修行之道，自带茶具到相国寺一带卖茶，建通仙亭，在亭里挂茶旗，设茶炉，置铜钱筒，开始了长达20年的卖茶生涯。有时则走出茶亭，挑着茶担游走四方。1823年，浪华石居·木孔阳摹写卖茶翁茶具计33件，出版《卖茶翁茶器图》。

卖茶翁肖像及《卖茶翁茶器图》书封

稍晚于卖茶翁的日本画家伊藤若冲（1716—1800）所作卖茶翁像（局部，个人藏品）

1763年出版的《卖茶翁偈语》，刊有其卖茶翁14韵《试越溪新茶》，全诗如下：

故人寄自仙芽赠，道是越溪第一春。

开封色香浮满座，旗枪极品可为珍。

汲来鸭绿河源水，瓦鼎老汤好尝新。

一啜方知奇绝味，口甘气洁爽精神。

庄周何暇化蝴蝶，胸宇洒然物外人。

笑我枯肠无只字，别传妙旨自天真。

由来久贫忍饥渴，收得厚颁润吻唇。

以酪为奴甘露液，清风两腋最超伦。

卢公七碗不消吃，赵老一瓯宜接宾。

谁是个中知味者，知音本自绝疏亲。

酒偏养气功如勇，茶只清新德似仁。

纵如勇功施四海，争如仁德保黎民。

越溪最胜色香味，秪此色香名六尘。

即此六尘了真味，色声香味净法身。

卖茶翁汉语手书《试越溪新茶》

（选自Norman A.Waddell 著《卖茶翁之生涯》，樋口章信译，思文阁出版）

日本1763年刊行的《卖茶翁偈语》，刊有卖茶翁《试越溪新茶》

　　该诗抒写作者品尝朋友馈赠越溪早春头道新茶之后的喜悦心情，赞美越溪茶色、香、味殊佳，可以修身养性，参禅悟道。诗中写到庄周化蝶、酪奴、卢公、赵老等中国名人典故，其中"卢公"指被誉为茶中"亚圣"之卢仝，其《七碗茶歌》誉满天下，被日本尊为煎茶道始祖；"赵老"大概指留下"吃茶去"公案的唐代赵州禅师从谂，又称赵州和尚。

中国旅日越溪人叶隽作有《煎茶诀》，卖茶翁赋诗《试越溪新茶》，让人自然联想到两者之关联，可以推想卖茶翁所饮越溪新茶，即为叶隽所赠，毕竟在清代不大会有第二位爱茶越溪人同去日本，笔者亦据此推想两人为同时代人，叶隽或稍大于卖茶翁。另外该诗结尾两次写到色、香、味，王治本为明治本所作《煎茶诀序》，则三次写到色、香、味，这是两者相通的一种暗合。

越溪1956年建乡政府至今。宁海县包括越溪乡，古今均为茶乡，宋代即有名茶茶山茶，产地与越溪相近，今有名茶望海茶、望府茶，越溪均有基地。

越溪位于宁海第一大溪白溪、洋溪汇流三门湾之出海口，宋代即有商船往来日本等地。明弘治元年（1488），朝鲜弘文馆副校理崔溥等43人遇风暴漂入越溪，受到当地军民的热情款待，并在越溪巡检司城住了一宿。崔溥从陆路回国后，详细记录沿途见闻写成《漂海录》，其中填补了一些中国官方史籍之空白，成为著名的日记类文献。抗倭名将戚继光曾在越溪大败倭寇。

遗憾的是，笔者曾通过家乡"乡土宁海"微信平台广泛查找，今日越溪乡及宁海各地宗谱等史籍，未见叶隽永之生平事迹及后裔信息。期待未来有所发现。

（鸣谢：本文《煎茶诀》刊本等相关内容，主要参考郑培凯、朱自振《中国历代茶书汇编校注本》；日本《煎茶诀》、卖茶翁《试越溪新茶》等书影，由上海师范大学副教授、宁波东亚茶文化研究中心研究员曹建南提供，一并致谢。）

全祖望两赋四明十二雷

2009年3月28日，原慈溪今余姚历史名茶四明十二雷原产地河姆渡镇，隆重举行成立仪式，合并原虹岭茶场与宁波丞相绿茶业公司，联合组建宁波十二雷茶业有限公司，由中国茶叶博物馆监制，做强做大历史名茶四明十二雷。

四明十二雷历史悠久，始于宋代，元、明两朝曾为贡茶。首见记载的是客居明州（宁波）的北宋名士、景迁学派创始人晁说之（1059—1129），他在《赠雷僧之三》云："留官莫去且徘徊，官有白茶十二雷，便觉罗川风景好，为渠明日更重来。"（"白茶"系白毫茶，非宋徽宗笔下其叶莹薄如玉在璞、今日安吉发现之白叶茶。）此后南宋大学士、《三字经》作者王应麟，元代庆元路（宁波）总管王元恭等，均有记载。而影响最大的，当为清代史学大家、誉为"浙学之冠"的全祖望留下的两篇辞赋——《十二雷茶灶赋并序》和《区茶》。

全祖望（1705—1755），小字阿补，字绍衣，号谢山、鲒埼亭长，人称谢山先生。宁波鄞县（今海曙区）人。乾隆元年（1736）进士，授翰林院庶吉士。次年，因与权贵不合，辞官还乡，读书著述。主讲绍兴蕺山书院、广东端溪书院。学识渊博，尤专史学，上承黄宗羲、万斯同，下启邵晋涵、章学诚，著作颇丰，有30余种400余卷。计有《困学纪闻三笺》《七校水经注》《续甬上耆

全祖望画像

旧诗》《经史问答》《读易别录》《汉书地理志稽疑》《古今通史年表》、续修黄宗羲《宋元学案》等。代表作《鲒埼亭集》50卷，以评、传、碑铭、论、记、跋等各种体裁文章，表彰了一大批明末忠节之士，翔实地记述了很多地方文献与掌故遗闻，所附《经史问答》10卷，则为答弟子所提问的经史疑义而作。《清史·全祖望传》称"其学渊博无涯涘，于书靡贯串"。清代著名学者、云贵总督阮元称："经学、史才、词科三者，得一足以传，而鄞县全谢山先生兼之。"

祈求佳茗祭茶灶

十二雷产于原慈溪、今余姚市四明山脉河姆渡镇车厩岙三女山、陆埠冈山一带，茶园多分布于海拔400米左右的山上，多为沙质土壤，翠竹掩映，溪泉淙淙，山花烂漫，环境优越。

传说很久以前，在河姆渡附近的山村里，有三位姑娘去深山采到好多好茶，归程又累又乏，经过一条清澈的山溪时，忍不住在溪水中嬉戏。没想到天空忽然变脸，雷电交加，大雨倾盆，三位姑娘不幸被十二声雷电击中丧命。雨过天晴，溪边出现了三座犹如三位少女相依相连的俏丽山峰。此后，山中便长出又嫩又香的茶叶，传说就是三位少女当年留下的。为了纪念三位少女，当地将三座山峰称为三女峰，三女峰的茶叶，则被人们称为四明十二雷。

乾隆二年（1737），全祖望33岁时辞官还乡，对四明十二雷进行详尽考证，并在产地虹岭亲自建灶复制，《十二雷茶灶赋并序》是他在建造茶灶时，祈求茶神保佑，赐予四明十二雷绝品写下的著名茶赋。全文如下：

> 吾乡十二雷之茶，其名曰"区茶"，又曰"白茶"，首见于景迁（晁说之）先生之诗，而深宁（王应麟）居士述之，然未尝入贡也。元始贡之。王元恭曰："以慈溪车厩岙中三女山资国寺旁所出，称绝品，冈山开寿寺旁者次之，必以化安山中瀑泉蒸造审择，阳羡、武夷未能过焉。"顾诸公但言"区茶"之

精，而不知早见于陆氏茶经。按陆氏云："浙东以越州为上，生余姚瀑布泉岭，曰'仙茗'。"实明州三女山之物，特以余姚瀑布泉制之，遂误指耳。但十二雷者甚难致，而近日山人亦无识者，嘉植沈沦，甚为可叹。予自京师归，端居多暇，乃筑一廛于是山之石门，题曰"十二雷茶灶"，将俟春日，亲穷其窔奥而制之，因谋茶具甚备。茶经曰："是茶有二种，大者殊异。"其三女之种乎？予因乞灵于茶神，以求其大者，先为赋之：

四明四面分俱神宫，就中翠谒分尤清空。

大阑峨峨分称绝险，蜀冈旁峙分分半峰。

其间刿湖则西分，蓝溪则东峰。回溪转分非人世，酿为嫩雪分茸茸。

百七日分寒食过，廿四番分花信终。

二百八十峰分土膏动，一万八千丈分云气浓。

时则小草分珠圆，长条分玉洁。双韭分挺生，三箐分秀出。

青桹分吐丹，白附分结实。插珑松分篁竿，缠缨珞分萝阙。

彼避世之畸人，各分曹以登眺。盖饱餍而有余，薄烟火以不道。

乃有茶仙，经营茶灶。爱兹茶山，烟岚窈窕。

八精篮分偃息，登古墓分踟蹰（史嵩之墓在西天峰开寿寺，即赐院也）。

访旧文分断碣，吊高僧分遗书（三峰寺在资国寺南十里，有曹公放斋碑，高僧谓梦堂尝居开寿寺）。

彼人代分已远，账宿莽分成墟。独新牙分正茁，几弥望分山居。

于是撷之掇之，吹之嘘之；蒸之焙之，祈之摭之，都篮之具，于以储之。

彼近山之瀑泉，推化安为绝胜。虽雪窦之飞湍，拜下风于锦镜。

致陆羽之传化，喜孙因之可证（化安瀑泉胜雪窦，见孙因《越问》中）。来制良材，以慰幽兴。

其相则屈兮曲兮，如鱼勾兮；

其色则皎兮峭兮，蔑视绀缅兮；

其数则六律六同兮，正一周兮。

太白补陀（普陀）未敢俦兮，大小晦之茶坑逊十筹兮。

在昔《茶经》有编，茶场有使。幸徐公兮惠民，罢榷租兮世祀。

胡降臣兮固宠，开贡使兮贻厉。自元初兮经始（范文虎），历明代兮来驰。

怪近世之希逢，致消渴其何恃？既尘鞅之可除，窃山栖以有志。

《茶经》一卷，茶寮数事。比邻可睦，那须黄羊。

活眼盈瓯，司命是尝。媚之不辱，炀之无妨。

倘稍存夫本色，为我和以老姜。

全赋大致意思如下：

序文部分说明四明十二雷又名区茶、白茶，历代贤达多有记载。

辞赋开篇描写名茶产地四明山名山出名茶的独特环境，气势非凡，发人遐想。

第二节作者自比茶仙建造茶灶，爱茶山烟岚。

第三节描写采茶、加工、储藏。

第四节描写茶的色、香、味、形，好水有化安飞瀑。

第五节介绍了贡茶的历史。

结尾描写在茶寮品读茶经、品味名茶、自得自乐的山居生活。

《四部丛刊集部》刊有全祖望《鲒埼亭集》38卷，《经史问答》10卷，《外编》50卷

再赋区茶十二雷

全祖望的另一篇茶赋是《区茶》，题后自注："元贡，范文虎进。"此赋别具一格，一韵到底：

春风一夜度过三女峰，茶仙冉冉乘云下太空。
资国寺前云气何梦苴，其雷一十有二青葱葱。
明州之茶制以越州水，陆郎茶经所志尚朦胧。
大观以来白茶品第一，东溪指为瑞应良难逢。
社前火前雨前三品备，雀舌纤纤足醒春梦慵。
范家小子已充卖国牙，底事又贻慈水厉莫穷。
在昔蔡公生平如崇墉，大小龙团尚为笑口丛。
应怜石门车厩百里地，春来撷尽香芽山已童。
自从罢贡息民真慈慧，山中茶灶长与丹炉封。
山翁私此一枪一旗乐，化安飞瀑独自流溶溶。

在"陆郎茶经"句后自注"《茶经》误以为余姚之产，不知三女峰在慈，而化安泉在姚，以是在泉制茶耳"。

与前赋一样，作者赞美四明十二雷产地环境优美，品质优异。其中"范家小子已充卖国牙"以及上篇写到的"胡降臣兮固宠，开贡使兮贻厉"句，均是对南宋降元将领范文虎（？—约1305）的鄙视。十二雷由范文虎始贡，他在车厩岙内南宋丞相史嵩之（？—1256）墓园访得佳茗，就在墓园旁修建开寿寺，并设立制茶

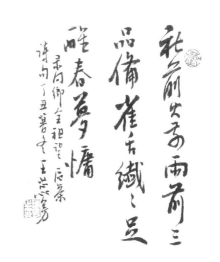

宁海籍浙江省女书法家协会原主席王蕊房书全祖望茶句

局，监制贡茶。制成的贡茶，先祭史丞相，再送京城。

结尾两句作者写了罢贡之后能在山居用化安飞瀑烹煮名茶的自在与快乐。

连写两赋还不够，作者还在《湖语》一文中，在写到源于西部山溪的宁波城西之水，亦有"望之溶溶，即之泠泠……平铺鸭绿，澹沲水晶，以烹十二雷之荈，嫩色绕铛（四明十二雷之茶曰区茶不可多得）"之语，足见他对四明十二雷的厚爱。

自取友茶留诗作

另一首诗作，更能说明全祖望是一位爱茶人。他有一位名叫海若的茶友，曾数次许诺要送漳茶给作者，但始终未能践约。一次，他去茶友书斋未遇，见斋中有数种漳茶，便自取好茶而归，留诗一章——《海若累许诺惠漳茶，未见践约，是日见其斋中已放，径取其佳者以归，诗以释言》：

殷红粹白成连理，天巧人劝各到头。

宿诺未应长见款，责言亦复更谁尤。

曹柯返地知何术，楚客忘忧且莫愁。

从此漳茶添典故，巧偷豪夺总风流。

这在历代名人茶事中，实属风流之举。

作者还有一首歌咏家乡天童寺附近太白山茶的《灵山茶并序》：

太白山茶近出，然予考懒堂《虎跑泉》

诗云："灵山不与江心比，谁会茶山补水经？"

则旧已有赏之者，因更其名曰"灵山茶"：

大阑夸白苧，榆荚乃其亚。

而今并无闻，太白称小霸。

纤纤灵山芽，绿云助清话。

全祖望书法

"大岚"系今日余姚大岚，是传统的高山云雾茶之乡。榆荚村在作者家乡鄞县，古称鄮县，《茶经》有记载。作者引述两处著名茶产地，用以衬托灵山茶（太白茶）品质优异。

在作者的诗文中，还能找出诸多茶事、茶语，不一一引述。

刘峻周将宁波茶叶引种格鲁吉亚

格鲁吉亚曾是苏联茶叶主产国，人们习惯将当地的红茶称为"刘茶"，以表示对将中国茶叶传到格鲁吉亚的茶叶专家刘峻周的纪念。刘峻周更被尊为格鲁吉亚的"茶叶之父""红茶大王"。而格鲁吉亚的茶叶源于宁波，遗传基因中应该与宁波茶叶多有相同。清光绪十九年（1893），正在宁波茶厂担任副厂长的刘峻周，带领宁波茶厂的11位同事，将产于宁波的茶苗、茶籽带到格鲁吉亚。

随舅父到宁波茶厂学技术

刘峻周（1870—1941），祖籍湖南，客籍广东高要。谱籍记载他为汉高祖76世后裔，早年逃荒到汉口，被同宗祖父辈刘氏茶坊37代传人、著名茶商刘运兴收留，在汉家刘氏茶坊学徒。他舅父也是一位茶商，常到杭州、宁波等地采购茶叶，约光绪十年（1884）15岁的刘峻周随舅父到宁波学茶。他天资聪颖，勤奋好学，全面学习采、制、种等技术。清光绪十四年，经常往返于中国的俄国皇家采办商波波夫到宁波选购茶叶，结识了年轻英俊、热情友善的茶叶技工刘峻周。波波夫很快对这位青年人产生了好感，经常向他询问有关茶叶种植和加工的问题，刘峻周总是非常简洁易懂地作答，波波夫非常满意。

刘峻周与母亲、妻子、妹妹摄于格鲁吉亚巴统市

(引自山东画报出版社2002年版《老照片》第24辑137页)

据史料记载，从6世纪开始，俄国人就通过陆上、海上从中国引进茶叶，并逐渐成为中俄贸易中的大宗商品。俄语"茶叶"（чай）的发音就是汉语"茶叶"的音译。由于俄国绝大部分领土地处亚寒带气候区，不适宜种植茶树，至清朝中叶才开始从中国购买茶籽和茶苗，试图发展茶业。当时俄国的藩属国、地处欧亚交界黑海沿岸的格鲁吉亚巴统、高加索地区，属于亚热带气候，适宜种茶。1883年后，俄国多次引进中国茶籽，在该地栽培茶树。1884年，索洛沃佐夫从汉口运去茶苗12 000株和成箱的茶籽，在查瓦克、巴统附近开辟一小块茶园，由于缺少技术，栽培大多失败。少量成活的由于加工技术不佳，茶叶品质不能满足消费者需求。

除了采购茶叶，从中国引进茶苗、茶籽也是波波夫的重要使命。因此他很希望刘峻周能跟他去俄国发展茶叶生产。去远隔万里的异国他乡，可是举足轻重的大事，当时年仅19岁的刘峻周，担心自己太年轻，技术也非常有限，当然不会轻易答应。

此后数年，波波夫一直没有放弃，每次来宁波都与刘峻周友好相处，相互增进了解。5年之后的光绪十九年（1893），当波波夫再度说服已经担任副厂长的刘峻周跟他去俄国时，技术较为熟练、羽毛初丰的刘峻周，同意冒险去海外闯一闯事业。他向波波夫提出，由他组织几位要好的技工一同前往，波波夫非常高兴。

此照约摄于1909—1910年，刘峻周佩带俄罗斯帝国罗曼诺夫王朝斯坦尼斯拉夫三级勋章，在格鲁吉亚茶园

经"海上茶路"到格鲁吉亚

刘峻周和波波夫在宁波及周边地区，采购了数百普特（1普特为16.38千克）茶籽和数千株茶苗，偕同另外11名茶叶技工，选择海路，从宁波南下广州，由广州沿南海经马六甲海峡至印度洋，再从红海经苏伊士运河至地中海，渡过爱琴海、黑海，抵达格鲁吉亚巴统港（俄驻格军事基地）。

这条茫茫的"海上茶路"，历时数十天，其艰难困苦可想而知。还要保护数千棵茶苗存活，可见刘峻周和他的同事们出行前做了充分准备，这些茶苗都是带着泥土的，并有足够的淡水定时浇灌。如果说唐代中国茶叶、茶文化从宁波东传日本、高丽，开创了中国古代宁波的"海上茶路"；那么，刘峻周则开创了近代宁波至格鲁吉亚、俄罗斯乃至整个独联体的另一条"海上茶路"。

格鲁吉亚采茶女

种茶旗开得胜

在格鲁吉亚，波波夫把刘峻周一行安排在高加索、巴统地区试种茶叶。第一期订了3年合同，以刘峻周为首的中国茶工种植了80公顷茶树，筹建波波夫茶厂，正式开始茶叶生产。3年后合同期满时，从宁波带去的茶苗和茶籽已在当地的红土山坡上生根安家，一垄垄茶树青翠嫩绿，郁郁葱葱，生机勃勃，茶厂也粗具规模，他们按照当地的饮茶习惯生产出第一批红茶，品质上佳，受到格鲁吉亚和俄国政要的高度重视。

旗开得胜，也使以刘峻周为首的中国技工们深深迷恋上这块土地，他们决定回国带家眷在此安家，继续发展茶业。波波夫又嘱托刘峻周继续招聘一些中国技工，刘峻周高兴地答应了。1897年，刘峻周第二次带领12名技工，携带家眷，包括他在广州打拼的兄弟刘绍周一家老小，以及从国内选购的大量优质茶苗茶籽，回到巴统。在离巴统14公里的恰克瓦，他们辛勤劳作，试种新茶，但由于广东茶苗水土不服，生长得不是很好。经过反复试验，终于成功培育出适合当地种植的茶树品种，种植面积达到150公顷，并建起第二座茶叶加工厂。在1900年巴黎世界博览会上，在中国茶叶缺席的情况下，刘峻周送评的"刘茶"为波波夫茶厂赢得了金质奖章。

在20世纪90年代中期鼎盛时期，格鲁吉亚拥有6.23万公顷茶园，年产量超过50万吨，占苏联地区总产量的95%，除供应独联体国家外，还出口土耳其、德国等地。

获苏联"劳动红旗勋章"

鉴于刘峻周在茶业上的杰出贡献，1909年沙皇政府授予他"斯达尼斯拉夫"三等勋章。1918年，土耳其军队占领巴统，刘峻周率领工人武装保卫茶厂，坚持斗争两天两夜，使茶厂全部财产得以保全。1923年，在刘峻周工作满30年之际，苏联政府授予他"劳动红旗勋章"。

20世纪20年代刘峻周一家摄于苏联

1924年，由于苏联政府要求所有外国侨民都加入苏联国籍，而刘峻周不愿加入，便举家离开格鲁吉亚返回广州，后定居哈尔滨。格鲁吉亚政府把刘峻周的住所辟为"茶叶博物馆"作为纪念。他一生养马爱马，别号"天涯马驰"。1941年不幸从马背上摔下，不治身亡。

曾孙刘驰希望重续格鲁吉亚茶缘

刘峻周后裔家族兴旺，目前已经传到第6代40多人，其中有多人从事中格、中俄友好或教育、商务工作，他们都以先祖的这一光辉历史为荣，并希望发扬光大。长子刘泽荣系著名社会活动家、教育家，主编《俄汉大辞典》，为新中国培养出大批俄语人才，曾受到列宁多次接见。孙女刘光文系格鲁吉亚籍画家，现任格中友协会长，2004年出版了格鲁吉亚文《刘峻周传》。

非常遗憾的是，苏联解体后，格鲁吉亚的这片茶园被荒芜了。刘峻周曾孙刘驰2013年11月在央视纪录片《茶，一片树叶的故事》中表示，希望能复兴这片茶园。刘驰之子、5世孙刘浩现为北京大学俄语系副教授、宁波东亚茶文化研究中心研究员。

列宁会见刘峻周长子刘泽荣

梅调鼎创办玉成窑

"不但当时没有人和他抗衡，怕清代二百六十年也没有这样高逸的作品呢！"

"千年紫砂，绵延至今；雅俗共赏，文化先行；前有陈曼生，后有梅调鼎。"

上述引文，评说的都是清代宁波慈城籍著名书法家、诗人、收藏家梅调鼎。

前者是现代书法大师沙孟海对梅调鼎书法的高度评价，后者是当代紫砂界对近代文人壶的评价。

除了书画界和紫砂界，一般人对近乎隐世的梅调鼎知之甚少。

梅调鼎（1839—1906），字廷宽，号友竹、赧翁等。先祖从镇海迁慈溪。"调鼎"取自宋代诗人张耒的《梅花》诗："调鼎自期终有实，论花天下更无香。"在古代，"调梅、调鼎"均指宰相，说明家族对其寄予厚望。其应试时因书法不合"馆阁体"而被拒，从此放弃科举，发愤练习书法，初学颜体，再学王羲之，中年学欧阳询，晚年潜力魏碑，旁及诸家，兼收并蓄，博众所长，融会贯通，刚柔相济，独树一帜。

上海应用技术学院社会科学系副教授、书画篆刻家、西泠印社理事唐存才，2020年8月为梅调鼎造像

其书风高逸，日本誉其为"清代王羲之"，是清代书法家中成就较高的一位。有《注韩室诗存》《梅赧翁山谷梅花诗真迹》《赧翁集锦》存世。

梅调鼎嗜茶爱壶，尤其是他题铭的多把紫砂壶被收藏界视为珍宝，在中国紫砂壶史上占有一席之地。

乐天酒诗改茶联

笔者看到梅调鼎手书的多种茶联，很多引于古代名家联句或诗句，可见其爱茶之一斑。本文简介三联。其一茶联为：

雷文古鼎八九个，日铸新茶三两瓯。

梅调鼎书郑板桥联：
雷文古鼎八九个，日铸新茶三两瓯。

梅调鼎书梁同书集句联：
独携天上小团月，自拨床头一瓮云。

此联原作者为郑板桥。一说是他书斋自题，另一说题于浙江绍兴日铸茶产地日铸山。"雷文"亦作"雷纹"，古代"文""纹"通用；"雷纹"是青铜器上一种典型的纹饰，基本特征是以连续的"回"字形线条所构成的几何图案。"八九"为虚数所指，与下联的"三两"对仗。日铸茶为宋代越州（今绍兴）名茶，"瓯"原指盆盂一类的瓦器，常被诗人代指茶碗。

从联句中可以看出，雷纹古鼎与茶是梅调鼎日常生活中的最爱。

其二茶联为：

林间煮茗烧红叶，石上题诗扫绿苔。

此联典出白居易（乐天）《送王十八归山寄题仙游寺》诗句："林间暖酒烧红叶，石上题诗扫绿苔"，描写寄情山水超然物外的诗酒情怀。梅调鼎将"暖酒"两字改为"煮茗"，巧妙地将酒诗变成了茶联，说明他嗜茶而不好酒。

联后有朱、白两鉴："调鼎"为白印，"字廷宽号友竹"为朱印。一般简介说梅调鼎字友竹，从此联落款来看，他的字应该为廷宽，友竹只是他的别号。

其三茶联为：

偶携天上小团月，自拨床头一瓮云。

此联原由清代书法家梁同书，从苏东坡两首诗中集句，前句为"独携天上小团月，来试人间第二泉"，梅调鼎将首字"独"字改为"偶"字；后句原句为"自拨床头一瓮云，幽人先已醉浓芬"。此集句意蕴美妙。

梅调鼎还有许多手书茶联、茶句，限于篇幅，不作赘述。

创办浙宁玉成窑

大约在清同治至光绪年间（1862—1908），梅调鼎出于文人爱好，得到当地和在上海爱好紫砂壶的宁波同乡的资助，在家乡慈城林家院内（后为慈城粮机厂，今已拆建待征用）创办浙宁玉成窑，聘请制壶艺人绍兴人何心舟和王东石等人，由梅调鼎主要负责设计题铭，还有任伯年等一些上海文化名人参与其中。泥料从宜兴采购，多是本山绿泥，烧成白中泛黄，脂如玉色，宛如珠绯。产品以紫砂壶为主，另有笔筒、水盂、笔洗、笔架等和其他杂件，多数有"玉成窑""林园""调鼎"等落款。玉成窑烧制窑数有限，数量不多，但品位甚高，均为精品。

"玉成"系敬辞，意为成全，用作紫砂窑名，寓意紫砂壶身价不凡，可与美玉媲美。梅调鼎称同好为壶痴、骚人，在一款瓦当造型的"瓦当壶"题诗中，表明了他创办玉成窑之初衷：

"浙宁玉成窑"窑铭

半瓦神泥也逐鹿，延年本是人生福。

壶痴骚人会浙宁，一片冰心在此壶。

一般认为梅调鼎所铭诸壶，皆为宁波玉成窑烧造，泥料细而色偏淡，但有论者认为，他的代表作"博浪椎壶"粗砂细泥，黝黑如铁，是否同出玉成窑，存有疑问。

造型、壶铭巧匠心

梅调鼎参与制作的"汉铎壶""笠翁壶""柱础壶""瓜娄壶""秦权壶""博浪椎壶"均造型独特，尤其是铭文书法精妙入神，短小隽永，清新可诵，妙趣横生，独具匠心，体现出高深的文化底蕴。

如"汉铎壶"之铭文：

以汉之铎，为今之壶；土既代金，茶当呼茶。

铎是一种形如甬钟的大铃，腔内有舌，可摇击发声。舌有铜、木两种，称金铎、木铎。除作为乐器外，还有两大作用，古籍有"文事奋木铎，武事奋金铎"之说，木铎用于和平时期的文化宣传，金铎则用于战时军事召集或战场上鸣金收兵。

汉铎即汉朝之铎。第一句是说壶型来源于汉铎。第二句"土既代金"点出了紫砂壶虽是陶土制作，但价比黄金，清人汪文柏赠紫砂壶名家陈鸣远的《陶器行》诗曰："人间珠玉安足取，岂如阳羡溪头一丸土。""茶当呼茶"说的是唐代之前两字同用的典故。

这一铭文朗朗上口，意境深远，机巧中不失幽默。

另一款"笠翁壶"的铭文是这样的：

　　茶已熟，雨正濛；戴笠来，苏长公。

该壶的造型为戴笠而坐的老者，"苏长公"是宋代大文豪苏东坡的尊称。笔者才疏学浅，对此铭文不甚理解。顾名思义是一个细雨蒙蒙的时日，苏东坡戴笠而来品尝香茗。唐代著名文学家、诗人柳宗元有"孤舟蓑笠翁"的诗句，明末清初著名戏曲、小说家李渔字笠翁，苏东坡爱茶，但笔者在诗文及画作中从没有看到他戴笠之造型与"笠翁"之别号，敬请识者见教。

汉铎壶、笠翁壶为现代著名书画家、收藏家唐云所藏时，已失壶盖，他请当代紫砂壶大师顾景舟重新配了壶盖。

"月晕而风，础润而雨"，是一句关于气象的谚语。旧时老房子屋柱下面均有石质柱础，如柱础湿润冒汗，说明天气将会由晴转雨。梅调鼎与王东石合作的"柱础壶"的铭文点出了这一自然现象：

　　久晴何日雨，问我我不语。请君一杯茶，柱础看君家。

用注茶壶润比喻础润而雨堪称巧妙。

其《瓜娄壶》铭文富有浓浓的生活气息：

著名书画家唐云收藏的玉成窑"瓜娄壶"

生于棚，可以羹。制为壶，饮者卢。

瓜蒌系一种葫芦科圆形瓜类，除瓜可供食用外，瓜子及根可药用，有宽胸润肺、化痰清热的作用。"卢"即为写出《七碗茶歌》、誉为"茶仙"的卢仝，寓意饮者都可成为卢仝那样的茶仙。

"秦权壶"形似秤砣，寓意秦始皇统一度量衡时所用秤之权。铭文为：

载船春茗桃源卖，自有人家带秤来。

"权"为衡器，桃源卖茶，以壶为秤，堪称奇思妙想。小小茶壶，两句铭文，营造出一种至精至美的文化氛围。这种自然流露、充满让人想象的意境和妙趣，透露出生活的智慧和幽默，散发出传统文化的特有魅力，生活情趣跃然壶上。

最有意义的当数"博浪椎壶"之铭文：

现藏于上海博物馆的"博浪椎壶"

博浪椎，铁为之，沙抟之。彼一时，此一时。

该壶之创意和造型，源于历史事件张良刺秦王。博浪椎原为一种特制铁器，当年张良遣力士在博浪沙刺杀秦始皇，惜未击中。铭文的意思是当年铁制的博浪椎用于刺杀秦始皇，如今紫砂博浪椎壶则用来鉴赏品茗，可谓彼一时、此一时也。此铭还有更深的含义：该壶制于清末，时外敌入侵，清王朝对外软弱，割地赔款丧权辱国，对内腐败民不聊生，处于风雨飘摇之中。作者托物寄情，体现了既忧国忧民又无力救国之无奈情怀，足见作者之独特匠心与深厚功底。

博浪椎壶原为唐云所藏，现藏于上海博物馆。

这些壶铭机智幽默，充满生活情趣，思维活跃，心态恬然自适，与梅氏呆板、近乎迂腐的处世态度大相径庭。

陈曼生（1768—1822）是近代文人紫砂壶的开创者，梅调鼎晚他

70年。梅调鼎之后尚无后来人，"前有陈曼生，后有梅调鼎"不失为中肯评价。笔者曾发表《文创出经典　功夫在壶外——清代陈曼生、梅调鼎紫砂文人壶享誉古今之启示》，阐述两位大师除了个人诗、书、画之高深造诣，均以艺术团队参与其事，重在文创，为其他壶艺家所望尘莫及。

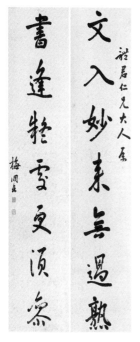

梅调鼎书明代唐顺之诗句：
文入妙来无过熟，书逢疑处更须参。

梅调鼎书泉联：
一庭花影三更月，十里松阴百道泉。

孤傲自赏不随俗

也许是科举打击太大，梅调鼎之个性，与其晚年所用的别号"赧翁"一样，仿佛因害羞而避世、隐世，害怕与官员接触。传说一位同乡受李鸿章重托，转弯抹角请他题字，他写好发现有李鸿章的字号，坚决撕破了已经写好的条幅。其淡泊名利，自甘寂寞，不肯随俗，身为一字千金的书法大家，不肯折腰于肯出大价钱买字的达官贵人、富商巨贾，宁肯固守清贫，孤芳自赏。他曾反用刘禹锡《陋室铭》中的名句并贴在门上："谈笑无鸿儒，往来皆白丁。"传说其谁出钱越多越不写，官品越高越不写，反映出强烈避富避官的内心世界。

据说其同乡弟子、书法家钱罕（1882—1950），原名钱富，拜师时梅氏嫌其俗气，改名钱罕。

"年年年底少青铜，惟有今年分外穷。薪水用残厨灶冷，衣裳典尽篋箱空。"这首自咏诗，是梅氏日常生活之写照，晚年幸有在上海经商的贤婿为其养老。

梅调鼎诗书生前未曾出版，1943年，几位墨友将其诗书编成《赧翁集锦》刊印，据说到上海义卖时被抢购一空。该书集含了他各个阶段之书法大观和艺术造诣，被书家和收藏家视为珍品。

1943年刊印的《赧翁集锦》

《越窑青瓷与玉成窑研究文集》，
中国文化出版社，2015年版

本文开头沙孟海的话，是他28岁时发表在《东方杂志》上《近三百年的书学》中的一段话，此话前面有他对梅调鼎性格的评价："梅调鼎是个山林隐士，脾气古怪，不肯随便替人家写字，尤其是达官贵人，是他所最厌忌的。因此，他在当时名誉不大，到现在，他的作品流传也不多。"

人尽其才，物尽其用。天生我材必有用，一个人的能力有大小，不管什么行业，将个人才能发挥到最大限度，便是成功。梅调鼎身怀绝技，却生活清苦，实为遗憾之事。如稍晚于他的国画大师齐白石（1864—1963），中年就到京城卖画，为躲避一些要画不付钱的官员，也曾在大门贴了类似梅调鼎的绝客令"官与民交，与民不利"，并坚决拒绝为日寇作画，避官躲寇，既保住了气节，又使自己过上了富足的生活，更重要的是他的书画艺术得到了广泛传播，是作品存世最多的画家之一。出卖作品、教书育人是很多书画家困难时期的选择，如果梅调鼎能借助贤婿之便，到上海搭建平台施展绝世才华，无疑会成为海派大家，其人生将更为精彩。

郑世璜——中国茶业出国考察第一人

中国是茶树原产地，目前世界各地产茶国的茶树均由中国直接或间接输出。1833年，英国殖民者从中国购买大量茶籽，聘请中国种茶、制茶技工去印度指导传经，后又移种锡兰（今斯里兰卡）。70年后，印度、锡兰茶叶在英国殖民者扶持下，蒸蒸日上，大有压倒华茶之势。清光绪三十一年（1905），清政府南洋大臣、两江总督周馥，派江苏道员、宁波慈溪人郑世璜，赴印度、锡兰考察茶业，是为中国茶业出国考察第一人。

祖籍宁波慈城，生平不详

郑世璜（1859—?），目前官方史料中生平不详，经笔者多方搜寻，了解到他原籍慈溪县慈城镇半浦村（今宁波市江北区，宁波市历史文化名村之一），查考出他的生年及字、号。郑世璜字渭臣，号蕙晨，据《慈溪灌东郑氏宗谱》记载，系灌东郑氏26世后裔。己卯（1879）科举人，曾任江西宜黄县知县。

郑世璜

半浦村位于姚江边，出过诸多历史名人。明末清初有著名学者郑溱、郑梁父子，郑梁子郑性，曾将本家和祖父郑溱好友、著名余姚籍经学家、史学家、思想家黄宗羲两家著作、藏书汇于一处，取名"二老阁"，意为纪念黄宗羲与郑溱，成一时佳话。"二老阁"当时规模可与天一阁媲美，可惜后来毁于战乱与火灾。现代著名京剧表演艺术家、京剧麒派艺术创始人周信芳（1895—1975），著名银行家、慈善家孙衡甫（1875—1944），均为半浦人。

据郑氏族人介绍，《慈溪灌东郑氏宗谱》现存北京图书馆，其生年可从清末满族总理衙门大臣那桐（1856—1925）的《那桐日记》得到佐证，《那桐日记》光绪三十二年（1906）8月15日记载：

> 十五日，早郑世璜来拜门。郑号蕙晨，浙江慈溪县，己卯（1879）科举人，二品衔，江苏补用道，年四十七，曾赴印度、锡兰考察茶政，人明干有为。

寥寥数笔，记载了他的简历，"明干有为"既为初步印象，又是较高评价。郑世璜从举人到二品大员，足见其在政界是有为之人。清代道员，俗称道台，为省以下，府、州以上官员，相当于目前的副省长，一般为从三品或正四品官员。

在清末、民国时期曾广为印发的郑世璜《乙巳考察印、锡茶土日记》，除了考察日记，郑世璜回国后分别向周馥和清政府农工商部，呈递《考察锡兰、印度茶务并烟土税则清折》《改良内地茶业简易办法》等禀文，扉页附有其官服肖像，顶戴花翎，戴眼镜，颇有风度。大概时任江苏督理商业，包括茶政盐务的道员。

1906年，当时影响较大的上海商务印书馆《东方杂志》，先后两次刊登《郑观察世璜上两江总督周条陈印、锡种茶、制茶暨烟土税则事宜》《郑观察世璜上署两江总督周筹议改良内地茶叶办法条陈》；《中国通史》则在第十一卷·近代前编记载："光绪三十一年（1905），清两江总督派郑世璜去印度、锡兰考察茶业，回来后，力主'设立机器制茶厂，以树表式'。"

遗憾的是，历史太容易遗忘，这样一位曾经风光一时、二品官衔的副省级官员，百年后包括其家乡，竟很难找到他更多的生平资料，搜索到的都是他考察印度、锡兰茶业的相关文献。

据郑世璜考察日记记载，其子孙较多，次子名德颐，除宁波外，安徽亦有亲戚，如六月十一日（1905年，农历，以下同）记载："是日，接宁波、安徽两处家书，系五月十七日发也。并悉次子德颐生女，为命名颂艳，余第八孙女也。"这一记载说明他至少有2个以上儿女，8个以上孙女、孙子。46岁即有如此多孙辈，可见是多子多孙之人。

半浦村有多支郑氏，此为另一支佑启堂《郑氏宗谱》

《乙巳考察印、锡茶土日记》列为历代重要日记

郑世璜的《乙巳考察印、锡茶土日记》，已被列为历代重要日记之一，2006年入选学苑出版社200册《历代日记丛钞》第156册。

该日记记述详细，文笔优美流畅。序文、首日都有"慈溪郑世璜"落款。

日记载明，郑世璜于光绪三十一年农历三月二十三日，"奉南洋大臣两江总督周制军檄，赴锡兰、印度考察茶土事宜，并谕抵印后，往谒议约全权大臣唐少川星使，顺道考查印度晒盐收税诸法"，四月初九乘坐法国客轮从上海出发，同行8人，分别为浙海关英人副税务司赖发洛；翻译沈鉴少刚，江苏青浦人；书记陆溁澄溪，江苏武进人；茶司吴又严，浙江嵊县人；茶工苏致孝、陈逢丙，安徽石埭县人；仆从二人。经

2006年学苑出版社出版《历代日记丛钞》书封

香港、安南（越南西贡）、新加坡，于四月二十五日抵锡兰；六月十九日离开锡兰，六月二十七日抵印度。他在锡兰、印度考察近5个月，于当年八月二十七日回到上海，最后一日记载"往返川资费用，竭力樽节，核实开支库平银八千四百五十二两六钱七分八厘云"。

晚清中国茶业之所以落后于海外，除了国弱民穷、民不聊生等原因外，很重要的原因是印度、锡兰已经使用机器制茶，生产率大幅提高，而中国依然停留在手工制茶，一些有识之士曾提请政府重视此事，可惜无人采纳。如郑世璜四月二十六日日记就记载在锡兰遇到广东香山籍茶商林北泉，是早期外向型较强的国际茶商，先在日本卖茶，曾建议中国政府采用机器制茶，未被重视，他遂与美商合资到锡兰办厂

制茶，销往美国：

　　四月二十六日。晴。天气甚暖。偕翻译、书记等往访林君北泉，先至其商店，则商品陈列皆日本产也。以不值复至其第，则林夫人与女公子迎入，茗谈有顷，林君始回。君系香山人，年仅三十六，寄居日本二十年始为茶商，曾向中国当道上机器造茶之策，不果用，乃出其资，与美国人在埠开厂制茶，运销美国四年于兹矣。厂中执事及东洋商店，半用粤人，并另作房舍，以作中日过客寄宿之，所每人每日纳房饭金只卢比二元五角。余忻甚，同事诸君亦多愿移居者。

　　从日记来看，郑世璜对国计民生颇为关切，凡海外衣食住行、工农商业、华侨生存状态均有详细记载，当然他的主题是茶业，他实地考察了锡兰、印度两国茶园种植、茶叶采摘、制茶工厂、红绿茶制造工艺、制茶机械和科伦坡茶机厂，对茶厂记载尤为详尽，如五月十三日日记：

　　距寓里许，有黑盾茶厂，偕同事往观厂。其七楹东南另一室，安置引擎一架，燃火油，烛两大枝，借蒸汽之力用皮带拽动全轴，轴直通。全厂距地约高二丈有数尺，在天空用橡皮包之，防氧气及雨水引锈也。厂有楼，凡两层，四面窗棂通风，置晾架上十二座，每座接连三架，每架十五格，用粗布作格，摊晾青叶；楼下悬麻布袋若干具，经三十六小时，叶已晾干，从楼板缺口倾入袋内，再倾入碾机碾压。其上层地位较窄，置晾架六座，每座二架，每架十四格，视茶叶向鲜，以只晾二十四小时也。因遍观碾、筛、切、焙诸法，碾机大小各一具，大者高四尺，形如磨下盘木地，铁匡中四，有小方木可以抽合，四围有齿，高八分，长约四寸许，宽一寸八分，上盘方式而小，下盘圆式而大，上下相距不及五分，上盘因轮力旋转，茶叶在磨齿上碾揉至三小时，叶已揉软，即从下盘中心抽去小方木，叶自倾下。（以上碾压）碾压后倾入青叶，筛机筛系于轴，自能运动，其粗者再入碾机（以上筛青叶）筛竟匀摊地上，或三合土砌成之石枱，略高于地面者尤佳，摊处厚二寸许，上用湿布盖之二三小时，色可变红。（以上变红）变红后移入烘机，烘炉安置地坑，炉门在坑下约深三尺，火候一百九十度，炉上之热虽炙手而不甚烈，上置烘盘，盘系铜丝为地，杉木为匡，中尺见方，三尺木匡，高二寸，烘枱如抽梯，纵四层，横四层，可纳烘盘十六，每盘匀摊茶叶，重四磅，因第一层至四层火力不同，约烘二十分钟，即从一层以次换至四层，适已焙就，故热度匀而茶味亦匀。（以上烘焙）烘后移入干叶筛机，机有三号，即三层置茶，于第一层将皮带系在滑车上，即自运动，以次第下，旁张以箱，自然每箱亦分作一二三号，不稍混淆。三号筛之下有板，以盛茶灰，复用棉类粘在口旁，筛动灰出，灰之外自能分出，茶毛、茶绒积之可作椅榻垫褥之用，轻软殊常，此亦废物利用之一端也。（以上筛干叶）筛后分头一二三号装箱，装箱有架，置空箱于架上，用轮旋紧，将皮带拽动滑车，箱即振动，因其振动力匀，倾入茶叶自能轻重一律不爽分毫。如一时不及装箱，有大柜可堆存，柜用木匡，纵横尺寸与箱一律，内衬马口铁外用锁钥，以司启闭，防泄香味，兼杜工人偷漏。如木匡纵六横四，则内容二十四箱，茶之多寡亦一见便知。（以上装箱装柜）凡筛机所不能筛下之茶，尚有新式切机两种，一为铜板，上凿人字形，下衬钢板，外有轮轴，用皮带拽动，四围有木匡如斗形，粗叶倾入，经过铜板之孔，自能切细。一为凹凸齿形之竹管，用铁丝贯之如筐篮，可以手提置粗茶于竹筛，即以齿形竹管擦之，亦能切细，惟须人力。（以上切机）

厂中茶箱、竹筛均由日本运来，箱每具值卢比七角，各厂皆购用之，缘锡地树木缺乏，土人制箱成本较昂故也。竹筛旁有十四号勿芽张金利造字样，系用华文。日本振兴茶务以绿茶输美，以木箱、竹筛输英，虽不能夺印、锡红茶之利，而能分制茶器用之利，其商业之精进，于此可见一斑。厂中烘机尽数烘焙，每日可成一千磅干茶，适中则六百磅，厂内工人十二名，厂外采工二百余人，茶销科伦坡埠。

观察、记载如此细致、详尽，完全可以依样画葫芦了，日记中类似记载不胜枚举。

翁同龢书赠郑世璜联句

日记及考察报告曾印发各地

除了考察日记，郑世璜回国即向上司周馥和清政府农工商部呈递《考察锡兰、印度茶务并烟土税则清折》（郑培凯、朱自振主编，香港商务出版社2007年出版的《中国历代茶书汇编校注本》，将此文标题改为《印、锡种茶、制茶考察报告》）。该折开头叙述了英国扶植印度、锡兰茶业制约华茶现状：

查英人种茶先于印度，后于锡兰，其初觅茶种于日本，日人拒之。继又至我国之湖南，始求得之，并重金雇我国之人，前往教导种植、制造诸法，迄今六十余年。英人锐意扩张，于化学中研究色泽、香味，于机器上改良碾、切、烘、筛，加以火车、轮舶之交通，公司财力之雄厚，政府奖励之切实故，转运便而商场日盛，成本低而售价愈廉，骎骎乎有压倒华茶之势。

文中对印度、锡兰的植茶历史、气候、茶厂情况、茶价、种茶、修剪、施肥、采摘、产量、茶机、晾青、碾压、筛青叶、变红、烘焙、筛干叶、扬切、装箱、茶机价格、运道、奖励、绿茶工艺以及制茶公司程章等，逐一作了具体介绍。可以说，此前我国对印度、锡兰茶业的实际情况，仅知一鳞半爪甚至是误传；通过这次考察，不但得到了一个完整的真实印象，而且对我国茶业的改革和发展，不无借鉴作用。

在详细陈述印度、锡兰茶业的基础上，郑世璜坦陈了印度、锡兰茶业超越华茶的优势、担忧和对策，力陈我国茶业必须改革：

> 印、锡所产红茶虽不能敌上品之华茶，而视下等者则已觉较胜，故销路颇畅。且可望逐年加增，彼中茶商皆谓，中国红茶如不改良，将来绝无出口之日，其故由印、锡之茶味厚，价廉，西人业经习惯，华茶虽香味较佳，有所不取焉。而印、锡茶业之所以胜于中国者，半由机制便捷，半由天时地利所致，且所出叶片较大，获利亦厚，而茶商又大半与制茶各厂均有股份，故不肯利源外溢。反观我国制造，则墨守旧法，厂号则奇零不整，商情则涣散如沙，运路则崎岖艰滞，合种种之原因，致有此一消一长效果。近来英人报章借口华茶秽杂有碍卫生，又复编入小学课本，使童稚即知华茶之劣，印、锡茶之良，以冀彼说深入国人之脑筋，嗜好尽移于印、锡之茶而后已为。我国若不亟筹整顿，以图抵制，恐十年之后，华茶声价扫地尽矣为。今之计，惟有改良上等之茶，假以官力鼓励商情，择茶事荟萃之区，如皖之屯溪、赣之宁州等处，设立机器制茶厂，以树表式，为开风气之先。

随后，郑世璜又呈递了另一篇禀文——《改良内地茶业简易办法》，提出择地设厂、进口或制造茶机、收购青叶供茶厂加工、编印宣传资料、兴办专业茶校等建议。

同年十月，《农学报》将《考察锡兰、印度茶务并烟土税则清折》标题改为《陈（郑）道条陈印、锡种茶、制茶暨烟土税则事宜》，进行连载。1906年，清政府农工商部将上述郑世璜两文及日记，以《乙巳考察印、锡茶土日记》为题，印发各地，川东商务总局也翻印发给川东各县参考。民国以后，仍有单位校勘发行，以供社会需要。

曾设立江南植茶公所

在上奏建言的同时，郑世璜积极行动，1907年，由他管辖的江南商务局，在江苏南京紫金山麓的霹雳涧，设立江南植茶公所，在钟山南麓灵谷寺一带垦荒植茶，即今日雨花茶之前身。植茶公所是一个茶叶试验与生产相结合的国家经营机构，也是中国第一个专门的茶研究机构，被视为茶科技的发端。可惜该机构在辛亥革命后停业。

当时，国内很多茶农还不肯接受先进的制茶机器，如政府安排安徽祁门、江西浮梁、浙江建德使用茶机时，三地茶农竟以穷乡僻壤、土地贫瘠为由，拒绝使用。郑世璜一面向上司陈述利弊，一面向茶农大力宣传使用机械制茶和先进科技带来的巨大好处，解除茶农的疑虑。1909年以后，湖北羊楼洞、江西宁州、四川灌县、安徽祁门等地先后设立茶业示范场、茶叶改良公司、讲习所等，推广先进产、制技术，培养专业技术人才，使近代茶业科技有了初步发展。

仍有现实意义

尽管郑世璜作了最大努力，但在风雨飘摇、行将灭亡的晚清末代，注定是没有好结果的。

虽然当今中国茶业与晚清时期不能同日而语，国内名优茶产销两旺，茶文化空前红火，但国际茶叶市场的总体格局并无多大改观，中国茶叶的出口形势依然不容乐观，印度、斯里兰卡依然是主要竞争对手，还有后起之秀肯尼亚、越南等国，因此当年郑世璜的很多见地和建议，仍有现实意义。

二、现当代篇

潘天寿指墨茶画称绝响

　　丰富多彩的中国茶文化不乏著名茶画。现代国画大师、美术教育家潘天寿先生的国画《旧友晤谈图》，是历代茶画中唯一的指墨画。另有三幅茶画《与君共岁华》《陶然》《君子清暑图》喜闻乐见。

　　潘天寿（1897—1971），浙江宁海人。字大颐，号寿者，又号雷婆头峰寿者。浙江省立第一师范学校毕业。曾任上海美专、新华艺专教授。1928年到国立艺术院任国画主任教授。1945年任国立艺专校长。1959年任浙江美术学院院长。他对继承和发展民族绘画充满信心与毅力，为捍卫传统绘画的独立性竭尽全力，奋斗一生，并且形成一整套中国画教学的体系，影响全国。他的艺术博采众长，尤以石涛、八大、吴昌硕诸家中取精用宏，形成个人

国画大师潘天寿

独特风格，不仅笔墨苍古、凝练老辣，而且大气磅礴，雄浑奇崛，具有摄取人心魄的力量感和现代结构美，诗书画印熔为一炉，造诣极高，成为中国近代花鸟画继吴昌硕、齐白石、黄宾虹之后的又一艺术高峰。人品与画品均为画坛所称道。曾任中国美术协会副主席、全国人大代表、苏联艺术科学院名誉院士。著有《中国绘画史》《听天阁画谈随笔》《听天阁诗存》等。人民美术出版社、中国美术学院出版社等出版了多种《潘天寿画册》。位于杭州中国美术学院旁的潘天寿故居现为纪

念馆，宁海潘天寿故居位于城北6公里的冠庄村。其子潘公凯曾先后担任中国美术学院、中央美术学院院长。

指墨茶画《旧友晤谈图》

《旧友晤谈图》作于1948年，指墨画，现藏于杭州潘天寿纪念馆。

指墨画又称指头画、指画，是中国传统绘画的一种特殊的画法，即以手指代替传统工具中的毛笔蘸墨作画，别有一番趣味和技巧。潘天寿擅长指墨画，有多幅巨制大作，登指墨画之高峰。

《旧友晤谈图》画面为两位饱经风霜、仙风道骨的久违老友，在巨石蕉林下对坐品茶，闲谈乱世生计之艰辛。两位老友正面者似乎在诉说，侧面者在聆听，面部表情丰富。指墨画画得如此细腻，实属难得。

画面上方题诗云：

> 好友久离别，晤言倍觉欢。
> 峰青昨夜雨，花紫隔林峦。
> 世乱人多隐，天高春尚寒。
> 此来应少住，剪韭共加餐。

诗句不难理解，主题为乱世之中好友难得相逢，字里行间隐隐透露出画家无奈的避世之情。

指墨画《旧友晤谈图》
（纸本设色，规格90.7厘米×40.5厘米）

虽然画题和题诗中未见"茶"字，但画面中的一壶两杯，则是非常巧妙的点缀，与画题"旧友晤谈"相呼应，深化了"晤谈"主题，这是画家的高明之处。此画已被茶文化界列为茶画，这可能是画家始料未及的，可谓是"无心插柳"了。

这一题诗另见画家1944年所作的《山斋晤谈图》，不同的是，《山斋晤谈图》

不是指墨画，画面为古松、山斋，未见人物。该是画家比较喜欢这一题诗，也许他认为旧作题诗还不很到位，在4年之后的指墨画《旧友晤谈图》上再题该诗，使诗书融为一体。

《君子清暑图》拟墨吴昌硕，意趣全不同

1961年冬，潘天寿画了一幅《君子清暑图》，画面左边为两枝树枝，右边为一壶一杯。上方题款：

> 曾见吴缶庐先生有此设色，即背拟之，而笔墨意趣则全不相同矣。六一年辛丑初冬，颐者拜记。

吴缶庐即吴昌硕，清光绪三十一年（1905），吴昌硕画了一幅《茶壶幽兰图》画面为两枝剑兰，一翡翠茶壶，一白色瓷杯，茶香与兰香相融。右下角题款云"写案头即景，却似种榆仙馆主人得意之作，朱漕帅涉笔，亦时时有此隽想。苦铁。"其中"种榆仙馆"为陈曼生大号，苦铁为画家大号，意为画家案头常备茶具、兰花，即兴之作，颇有陈曼生、朱漕帅书画之风，描绘了画家于书斋中以兰、茶为友，启迪灵感之高雅艺术与审美情趣。

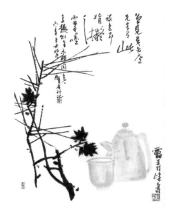

潘天寿1961年作《君子清暑图》
（纸本设色，规格：80厘米×49.2厘米）

吴昌硕1905年作《茶壶幽兰图》

从潘天寿题款来看，他认为虽然一壶一杯与吴昌硕《茶壶幽兰图》相似，但构图不同，意趣亦完全不同。比较来说，潘氏《君子清暑图》画面疏朗，有空灵之感；吴氏《茶壶幽兰图》则画面满实，有压抑之感。从画面布局中，读者可以读出两位大师处理相同茶画的艺术构思与实际效果。

"梅花茶具"记深情

1984年，山东籍著名画家和书画收藏家徐伯璞，将潘天寿20世纪40年代赠送他的水墨梅花茶具图《与君共岁华》等7幅作品，捐献给江苏淮安市博物馆。《与君共岁华》为大写意佳作，可与齐白石的著名茶画《梅花茶具图》媲美，茶画中又多了一幅难得的名家名作。

国画小品《与君共岁华》

（藏江苏淮安市博物馆。纸本，规格：23厘米×64厘米）

《与君共岁华》作于1945年。此画笔墨简约，看似不经意之作，实则匠心独具，情感炽烈。画面为一把茶壶、三枝梅花、一只茶杯。茶壶为造型古雅朴拙的陶壶，以阔笔重墨皴染，古意盎然。茶杯以淡如轻烟的笔触勾写，给人以现代感。壶、杯之间有两枝三叉梅花，自左向右平放，疏影横斜，节律自然。花有盛开的，也有含苞待放的花蕾，孤清冷艳，暗香浮动，茶香梅馨跃然纸上。茶的清淡、梅的高雅，暗喻主人品格的高洁。

画上题字曰："与君共岁华"。落款为："铭竹嫂夫人鉴可，三十四年初春，寿"。下钤"潘天寿"白文印。

记载了潘天寿与徐伯璞夫妇的深情厚谊。

徐伯璞（1902—2003），山东肥城人。曾任济南市中学校长、南京国立戏剧专科学校校长等职，20世纪30年代与潘天寿相识。1944年，他们又在重庆相聚，徐氏时在国民政府教育部任职。潘氏先在国立艺术专科学校任教，后在美术教育委员会任职。画题"铭竹嫂夫人"即徐氏夫人蔡铭竹女士。蔡铭竹（1909—1980），广东番禺人，时在重庆某小学任教。

当时正值抗日战争期间，潘氏与徐氏意趣相投，当时潘氏单身，生活清苦，徐氏经常邀请潘天寿到家中小酌。其间，潘氏常在徐氏家作画，凡中意之作，均赠送徐氏夫妇。《与君共岁华》作于1945年。是年春节，徐氏又邀请他到家中品茗赏梅，共度佳节。潘氏颇有雅兴，泼墨作画题赠女主人。这是作者和徐家交往和友谊的历史见证，也是对徐家女主人殷勤款待的答谢和赞美。此图朴中藏华，虽貌似平淡，然平中见奇，突奇走险，寓意深刻。使人联想到画中之情、画外之画——两位知音好友一边品茗，一边赏梅，此情多静好，与君共岁华。其乐融融，其情浓浓，情深意长跃然纸上。

据徐氏介绍，这批潘氏佳作，一直秘不外宣，精心呵护，"文化大革命"时尚有14幅，是潘氏抗战期间留下最多的作品，在潘氏存世200多幅作品中占有重要地位，对研究潘氏艺术特色具有重要意义。1984年，徐氏将潘氏《与君共岁华》等7幅作品，连同另外45位近现代艺术家的100多幅书画作品捐献给江苏淮安市博物馆。

答谢苏联《陶然》图

1988年，纽约苏富比秋季艺术品拍卖会上，潘天寿另一幅面世的茶具图《陶然》，以人民币989 000元成交。

画面上一把陶壶，两个茶杯，几片墨叶衬着一朵红花，形似菊花。一壶两杯虽然寥寥数笔，但颇得稚拙天真之趣，好一幅悠悠然让人倍感闲适的清供小品。

壶身题款"苏联十月革命节"，落款"寿"，钤印：潘天寿（白）。

画题《陶然》，意为喜悦、快乐，如陶然自乐。表达了作者花下对饮，品茗赏菊，满怀欣喜之情。

"十月革命"是俄国工人阶级在布尔什维克党领导下联合贫农所完成的社会主义革命。1917年，苏联将每年俄历10月25日（公历11月7日）定为"十月革命节"。

国画小品《陶然》

（个人收藏。设色纸本，规格：39厘米×41厘米）

此画未署作画时间，但可以推测作于20世纪50年代后期。当时中国与苏联关系较好，1958年7月，苏联艺术科学院授予潘天寿为名誉院士，同年12月，其部分作品在莫斯科举行的"社会主义国家造型艺术展览会"展出。1959年，他又应邀参加在苏联举办的"我们同时代人"画展。从这些因素来看，《陶然》图应该创作于这一时期，也可能参加过上述画展，可以理解为他对苏联艺术科学院授予名誉院士的答谢之情。

诗赞雁山兜率茶

潘天寿生活俭朴，不嗜烟酒，喝茶也不讲究。笔者在他的数百首诗作中，看到很多涉酒诗句，可惜仅找到一首难得的茶诗——《兜率春茶》：

> 露芽说兜率，陆羽未知名。
> 何须六七碗，两腋始生风。

"兜率"系梵语音译，犹言天宫，为欲界六天中之第四天名，分内外二院，内院为弥勒菩萨的净土，外院为天人享乐的地方。兜率宫为太上老君所住。

兜率茶产于浙南胜境雁荡山常云峰下兜率洞附近，原名斗窟茶。清代曾唯纂《广雁荡山志》记载雁山茶有四品：白云茶、紫茶、斗窟茶、白山茶。常云峰因雾随峰转得名。相传游人抱着至诚登山，云雾便会自行消退，因此也叫灵俯山。唐代张又新有诗云："仙俯灵岩莫漫登，彩云香雾昼常蒸，若能到此消心愿，隐豹垂天亦为澄。"常云峰下方的兜率洞周围非常适宜茶叶生长，斗窟茶被誉为雁茗中的极品。当地能仁寺显广法师爱茶，将此茶更名为兜率茶，富有仙家道气。

1955年，潘天寿曾赴雁荡山写生，留下《灵岩涧一角》《记写雁荡山花》等多幅反映雁荡山水的墨宝。《兜率春茶》该是作于其时，想必是他品茶之后留下的杰作。

虽然潘天寿少有茶诗，但从该诗来看，他是知晓茶史的，四句诗中，不仅写到茶圣陆羽，还化用了卢仝的"七碗茶歌"。此诗极言兜率茶茶品之美，无疑为雁山茶难得的文化珍宝。

朱复戡龙井品茗留佳作

2021年中秋节，中国书法家协会主席孙晓云，为贵州茶题字"贵茶相伴，终生无憾"，引来茶文化界、书法界关注。笔者关注其过往已上网书法作品，尚未见茶、茗等相关书法，其外祖父、著名书法篆刻家、古文学家朱复戡是爱茶人，已见两种原创茶诗书，特作介绍。

孙晓云2021年中秋节题字

龙井茶菊留佳作

朱复戡（1900—1989）原名义方，字百行，号静庵。40岁后更名起，号复戡，别署伏戡。浙江鄞县（今宁波市鄞州区）梅墟镇徐家洼人，迁居上海。幼承庭训，少年时摹习《石鼓文》，深得吴昌硕先生赞许。16岁时篆刻入选《全国名家印选》。22岁时出版《静庵印集》，以书法篆刻盛誉海上。后游学法国，28岁时应刘海粟先生之邀，任上海美术专科学校教授，后又被推评为中国画会常委。20世纪50年代初移居山东济南，从事美术设计工作，并以设计青铜器及书铭见称。曾任上海交通大学教授、中国书法家协会名誉理事、西泠印社理事。书法四体俱佳，尤长篆籀，厚重拙朴，神形兼备，风貌别具。篆刻初受赵之谦、吴昌硕影响，渐而规矩秦汉，师古不泥，中年变化鼎彝铭文入印，独辟蹊径，别开生面。曾为醪城汪氏式翁治印百钮，集成《复戡印集》。马公愚先生作序称其"拟古玺乃千载一人"，书法大师沙孟海先生称此谱"中多似玺之作，峻茂变化，殆欲雄视一击"。

朱复戡爱茶，1983年作有五言茶诗书《品龙井赏菊》，诗文清新可读，书法古拙，糅合篆文与籀文，遒劲浑然，别具一格：

赏菊邀雅集，重来西子湖。

一盏龙井茗，细品百花殊。

顾名思义，此诗书是作者受邀到杭州出席某单位举办的赏菊雅集品茗后所作，落款为"癸亥凉秋"。查前一个癸亥年为1983年，离作者逝世前6年，是作者晚年书法艺术炉火纯青之力作。该是芬芳灿烂的西湖菊花和鲜爽绿翠的龙井香茗，激发了作者的创作灵感。此墨宝不仅诗句雅美，朱公糅合篆文、籀文、石鼓文、钟鼎文的独特书体，更令人过目难忘，留下深刻印象，不失为龙井茶和中国茶文化之难得珍品。

五言茶诗书《品龙井赏菊》

《苦夏》饮茶难止渴

诗人朱公诗作多，其中有涉茶诗《苦夏》。某年夏天，朱公苦于酷热，作七律一首感叹，其中写到茶饮：

从来夏热亦寻常，独有今年欲热狂。

气候高过量体表，汗珠湿透浑身裳。

饮茶解渴渴难止，挥扇取风风不凉。

最是恼人废寝食，天天消瘦意惶惶。

江南盛夏，大多酷热难耐，诗中写道："饮茶解渴渴难止，挥扇取风风不凉。"

清代雍正皇帝追录康熙皇帝的训话而编辑成《庭训格言》，其中有一则训文叫《心静自然凉》，大意是说只要能做到内心平静，身上才不热。朱公中、晚年时期比较艰难，该诗书与其说是酷暑节令之写照，更是其难展才能、万般无奈心境之写照。

此墨迹书风与《品龙井赏菊》迥然不同，朱公信手写来，为其日常行书，犹如钢筋铁骨，老辣耐读。

书法无落款，未知作于何时。

《象山茶苑》主编、诗人伊建新，作诗《读朱公复戡墨宝，次韵而作》，既有茶香诗韵，又能感悟朱公当时心境，引录如下：

朱复戡七律《苦夏》

朱公真迹不寻常，我见诗词喜欲狂。

把盏烹茶习书画，挥毫泼墨拂云裳。

巍巍金石何曾远，袅袅茗香犹未凉。

苦乐人生无所惧，浮沉身世莫惊惶。

"梅墟草堂"念故乡

朱公深爱故乡梅墟，与宁波一往情深。其早年拜宁波籍书法大家、社会名流张美翊为师，22岁时与张外孙女陈纫梅在宁波结婚，经常往来于沪、甬之间。同年夏天，刻有纪念家乡之印石"梅墟草堂"，边框图案为山麓林木草堂中，有雅士临窗读书，该是作者自我写照。另有篆刻书页边署"某墟草堂"，亦为"梅墟草堂"之谐音，并寓虚怀若谷之意。

"某墟草堂"之印，边框图案中有雅士在山麓草堂中读书

除了精于诗书画印，朱氏还多才多艺，诸如武术、文物鉴定、青铜器造型、纹饰、文字研究、京剧等，均有一定造诣。

朱公在"十年内乱"中饱受折磨，大难未死。晚年欣逢改革开放，艺术才华达到巅峰。

孙晓云自叙求外祖父篆刻名章轶事

2021年1月27日，孙晓云当选为中国书法家协会首位女主席，外祖孙女之书法家传，一时传为书坛佳话。2005年，孙晓云曾作年轻时求外祖父篆刻名章自叙云：

> 此印乃吾外祖遗泽，篆于沪上胶州路寓所。先是余向外祖索印，答须先看余之作如何，再行定夺。余出示一小册页，外祖曰："大吃一惊。"遂刻名章一方，以勉励小辈。己巳初冬，其迁入愚园路新居不久，不幸辞世，余次日抵沪，未及谋面而遗恨终生。三十年代，朱复戡治印，非鸡血、田黄不刻，按刻石重量论润金，今人多不知。
>
> 乙酉春，晓云。

此印乃吾外祖遺澤篆於滬上膠州路寓所
先是余问外祖索印答須先看余之作如何再
行定奪余出示一小册頁外祖曰大喫一驚遂刻
名章一方以勉小輩已巳初冬其遷入愚園路
新居不久不幸辭世余次曰抵滬未及謀面而
遺恨終生三十年代朱復戡治印非雞血田黃不
刻按刻石重量論潤金今人多不知乙酉春曉雲

孙晓云记述外祖父朱复戡篆刻名章之《自叙帖》

早有外祖盛名一时，今有孙女一枝独秀，笔者有感于此书坛佳话，
草成《赞朱复戡、孙晓云外祖孙书法家传二首》：

其　　一

主席新登家传深，印求外祖考书证。
千年青史何凭由，自古碑铭载德政。

其　　二

外祖书名盛一时，女孙握管秀云枝。
世人皆叹家传难，天道酬勤善睿知。

沙孟海茶文化题字、篆刻赏览

原来印象中仅有四五种现代书坛泰斗沙孟海茶文化书法题字，广泛搜罗及茶友推荐，竟得其书法十四种，集中于杭、甬两地，其中杭州七种，家乡宁波四种，为杭州与天津联营茶社题字一种，录写陆游茶联一种，另有篆刻一种。新时期茶文化兴起于20世纪80年代后期，这些题字多为沙老晚年炉火纯青之佳作。其中如"中国茶叶博物馆"馆名、《中国茶叶》刊名等受众、读者繁多，广为人知；有的则鲜为人知，如其1938年所篆闲章《静耦轩夫妇心赏之符》，边款中引用宋代赵明诚、李清照伉俪书房赌书角茶典故，比拟印友蔡哲夫、谈月色夫妇，堪为难得。茶文化题字、篆刻，虽属沙老书海一粟，亦蔚然大观矣。

沙孟海（1900—1992），原名文若，字孟海，号石荒、沙村、决明等。浙江鄞县（今宁波市鄞州区）塘溪镇沙村人。毕业于浙江省立第四师范学校。现代书法、篆刻泰斗，对语言文字、文史、考古、书法、篆刻等均深有研究。1992年，鄞州区在其故乡附近东钱湖风景区，建立沙孟海书学院纪念。杭州西湖边上另有沙孟海故居，属杭州市文物保护单位。

现代书坛泰斗沙孟海
（1900—1992）

题写"中国茶叶博物馆"馆名、《中国茶叶》《宁波茶叶》刊名

　　沙孟海文化书法题字受众最广泛的，当数"中国茶叶博物馆"馆名。该馆位于杭州，是我国唯一以茶文化为主题的国家级专题博物馆。现有两个馆区，其中双峰馆位于龙井路，占地4.7公顷，1991年4月开放；龙井馆位于翁家山，占地7.7公顷，2015年5月开放。两馆建筑面积共约1.3万平方米，是中国与世界茶文化的展示交流中心，也是茶文化主题旅游综合体。每天接待中外游客数以万计，节假日更多，我国多位党和国家领导人，包括很多世界各地元首、驻华使节，都到过该馆参观品茗。

中国茶叶博物馆双峰馆区

中国茶叶博物馆龙井馆区

"中国茶叶博物馆"馆名题于1990年之前该馆筹建时，书风圆润流畅，一气呵成，富有美感，雅俗共赏。中国茶叶博物馆被誉为世界最美博物馆，配上沙老最美书法，锦上添花。

在茶道大行、茶香天下之当下，每天有如此海量爱茶人与沙老题字见面，并通过影视、书刊等媒体传播到海内外，该是沙老生前未曾想到的。

1979年1月创刊的《中国茶叶》杂志，社址在杭州西湖区龙井茶主产区梅灵南路，由农业农村部主管、中国农业科学院茶叶研究所主办，系国内同类茶科技、茶文化发行量最大的杂志。创刊初期为双月刊，后改为月刊，截至2021年9月，已发行337期，总发行量数百万期。

《中国茶叶》杂志刊头字

《中国茶叶》1979年创刊号、2021年第9期封面

该杂志刊名由沙老1978年题写，在已见沙老茶文化题字中时间最早，书法周正端庄，美观大方，所有读者，尤其是老读者都熟悉沙老墨迹。

1988年，宁波市林业局下属宁波市茶叶学会创办了《宁波茶叶》期刊，刊名由沙老题写，约3年后停刊。2018年，宁波市供销合作联合社下属茶叶流通协会再办《宁波茶叶》，刊名沿用沙老《宁波茶叶》题字。

1988年题

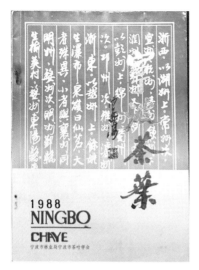

1988年创刊	2017年重刊

茶名、茶叶题字三种

位于沙老故乡附近的宁波东钱湖福泉山茶场，面积约3 600亩，面向东海，山麓有三倍于西湖的省内最大淡水湖东钱湖，"一山拥湖海，万翠拥福泉"，主峰海拔556多米，自然生态得天独厚，被誉为"天下最美茶园之一"。山顶原有水潭名龙潭，该场新创名茶由此命名为东海龙舌，品质优异，多次荣获宁波市、浙江省和中国名茶称号。1984年，该场东海龙舌初创时期，请沙老题写茶名，很快收到了沙老墨宝，雄健遒劲，令人耳目一新。名茶配上沙老题字，身价倍增。这是已发现沙老题写的唯一名茶品牌名，非常难得。

1984年题

沙老还为另两种茶叶题过字，一是1984年10月31日，浙江省茶叶公司天坛牌特级珠茶，荣获世界优质食品金质奖，沙老为之题写"金蕾珠蘖"，字迹饱吸浓墨，力透纸背。清代诗人袁枚在赞美武夷茶之《品茶》文中，附有《试茗》诗中写道："云此茶种石缝生，金蕾珠蘖殊其名。雨淋日炙俱不到，几茎仙草含虚清。"

二是1990年，浙江茶叶贸易四十年时，沙老再为浙江省茶叶公司题字"云液露芽"。北宋著名政治家、书法家、诗人文彦博《蒙顶茶》诗云："旧谱最称蒙顶味，露芽云液胜醍醐。公家药笼虽多品，略采甘滋助道腴。"

"金蕾珠蘖""云液露芽"均非特指茶名，极言茶叶品质优异而已。

1984年题

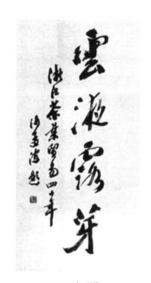

1990年题

泉名题字二种

东钱湖福泉山山顶有一泉井，相传为汉代著名隐士梅福在这一带修道时开凿，后人为了纪念他，便称之为"福泉"，后来建有仙寿寺，为僧人用水之源，从不干涸。今寺院已毁，福泉仍存。1984年，沙老85虚岁，是年为家乡"东海龙舌"题写茶名的同时，另题"福泉"二字。水为茶之母，古泉名茶，名家题字，堪称绝配。沙老为家乡名茶、古泉题字，足见对家乡之厚爱，不失为宁波名茶文化之瑰宝。

1990年，沙老还为杭州余杭"陆羽泉"题字，今墨迹存于浙江省博物馆。沙老书法中以榜书最为著名，大气磅礴，"陆羽泉"题字颇有榜书之韵味。

1984年题   1990年题

余杭径山将军山南麓陆羽泉

会所、茶社、厂名题字各一种

1982年，在著名茶学家、浙江农业大学教授庄晚芳倡议下，杭州成立了茶人之家，1985年，浙江省茶叶进出口公司出资，在杭州洪春桥建成茶人之家会所，沙老"茶人之家"或为后者所题。《茶人之家》同为茶刊之名，后更名为《茶博览》。

约1985年题

1985年元旦，杭州茶厂与天津市商业公司联合经营的红楼茶社，在天津南市食品街开张，西湖龙井茶飘香津门，并由书法大师沙老题写匾额。顾名思义，红楼茶社是以《红楼梦》茶文化意境仿古装修的，内部张挂金陵十二钗等《红楼梦》人物画和诸多名人字画，陈设红木家具，轮流播放《红楼梦》影视剧或唱腔、插曲，富有传统文化特色。开张以来，海内外茶客络绎不绝，生意兴隆，并得到很多国家领导人和外国政要之赞赏，已被评为中华老字号企业。著名茶楼配上大师题额，可谓相得益彰。

1984年题

1988年，沙老为家乡宁波市出口茶叶拼配厂题写厂名。据该厂原厂长、宁波市茶叶流通协会副会长兼秘书长、绿茶类中国制茶大师宋光华回忆，当年5月的一天下午，他通过领导介绍，带了1千克家乡名茶东海龙舌去杭州沙老家请他题字。沙老对家乡人很热情，当即到书房挥毫，一气呵成十个大字。谈到润格时，沙老客气不肯收，宋厂长多次要求，才象征性收了1 200元，当时沙老润格已经是国内顶尖级书法家标准了，这点钱不足一字润格，足见他对家乡之厚爱。

1988年5月题

书录陆游七律茶联一种

笔者还从网上难得搜到沙老书录茶诗联句一种：

矮纸斜行闲作草，晴窗细乳戏分茶。

该联句录自宋代大诗人陆游著名七律《临安春雨初霁》，全诗为："世味年来薄似纱，谁令骑马客京华。小楼一夜听春雨，深巷明朝卖杏花。矮纸斜行闲作草，晴窗细乳戏分茶。素衣莫起风尘叹，犹及清明可到家。"

此联未标书写年代，上联边款书"俊文同志正腕"，落款沙孟海，钤印：决明馆（白）、老沙为石（白）。此联当为沙老早期作品，书风有别于晚年手迹。此联西泠印社2011年春季拍卖会以27.6万元成交。

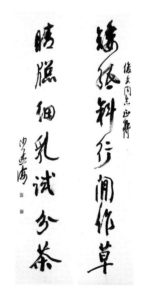

沙老书录陆游茶诗联句
（年代不详）

分茶盛于宋代，是文人雅士之雅玩。从书录此联句看，沙老是熟悉茶文化的，惜俊文其人无考，或许如下文蔡哲夫、谈月色夫妇一样同为爱茶人，沙老才以茶联相赠。

早年闲章以赵明诚、李清照伉俪赌书角茶趣事，
比拟前辈印友蔡哲夫、谈月色夫妇茶事

1938年沙老39岁时，曾为前辈印友刻过一方涉茶闲章《静耦轩夫妇心赏之符》。"静耦轩夫妇"即广东顺德籍著名篆刻、书画家蔡哲夫（1879—1941）和谈月色（1891—1976）夫妇，"静耦轩"为他们斋名。该印边款云：

> 轩槛幽清，图史胪陈；镏樊仙侣，桓鲍令名。渺沧江之虹月，践覆茶之恓惺。汉皋萍合，同慨新亭；海桑千劫，惟石不泯。戊寅五月，为耜园制。鄞沙文若孟海。

边款写到诸多典故，其中"镏樊仙侣"指东汉修道升天的上虞令刘纲、樊云翘夫妇；"桓鲍令名"指西汉大臣渤海郡人鲍宣、桓少君夫妇，均为志同道合、品性高洁之典范。"覆茶"指的是宋代赵明诚、李清照伉俪情深，饭后常在书房归来堂以茶饮为赌注，玩猜书角胜负，为饮茶先后。李清照博闻强记多猜中，常举杯大笑，以至茶水倾覆怀中。后世常以"角茶"或"覆茶"引此典故，如清代著名词人纳兰性德《浣溪沙》名句"被酒莫惊春睡重，赌书消得泼茶香"，即记述其事。

1938年篆刻

沙老以赵明诚、李清照"覆茶"典故比拟蔡哲夫、谈月色夫妇，是因为蔡哲夫、谈月色亦爱茶，曾取斋名为茶丘、茶四妙亭。尤其是蔡哲夫，凡友人赠以佳茗，必以书画回礼。其发妻张氏能篆刻。侧室谈月色则富有传奇色彩，原为尼姑，因敬仰蔡哲夫之才学，不惜还俗并以侧室身份下嫁蔡氏，经丈夫和多位名师指点，篆刻、书画艺术长进，篆刻有"现代第一女印人"之称。沙老曾言："月色故以画梅著称，余但知其能诗，未知其并能印。近来时获读所刻印，下笔有法度，盖得哲老与宾虹之指授者。"以此背景，方知沙老刻此闲章并非偶然，以刘纲、樊云翘与鲍宣、桓少君夫妇，尤其是赵明诚、李清照"覆茶"典故比之，非常贴切，别有情趣。这也是沙老以当时印友雅事，解读赵明诚、李清照"覆茶"典故之独特视角；而笔者之解读亦可视为沙老知音也。

　　从上文书录陆游茶联，以及此闲章边款涉及茶事典故，说明沙老是熟知较多茶史、茶事的，只是他沉浸于书法艺术，少有顾及茶文化而已。

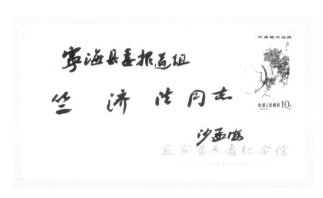

　　1987年，笔者在宁海县委报道组工作时，有幸收集到沙老手书信封一枚，其中信封上"画家潘天寿纪念馆"书法，亦为沙老手迹

百岁人瑞王家扬　明德惟馨如茶香

2020年1月19日8时16分，浙江省政协原主席、中国国际茶文化研究会创始会长兼名誉会长、浙江树人大学创始校长兼名誉校长王家扬（1918年3月12日至2020年1月19日），在杭州仙逝，享年102岁。根据其遗愿及家属意见，丧事从简，不举行遗体送别活动，遗体火化后将骨灰撒放在故乡浙江宁海桑洲和相邻的天台华顶山茶园，长眠于清香绿翠的茶树之间。

王家扬

王老是继"茶寿"张天福之后的又一位高寿著名茶人，噩耗传出，海内外茶人以各种方式缅怀王老的高风亮节，赞美其为当代茶文化事业作出的巨大贡献。

王老1918年生于浙江宁海山区农家。早年投身革命，1938年参加新四军，1939年加入中国共产党。中华人民共和国成立后，曾任全国总工会书记处书记、中共北京市海淀区委书记、浙江省委宣传部部长、浙江省副省长、省政协主席、全国政协委员等职。1994年离休。

斯人虽逝，风范长存。本文主要记述王老晚年茶事等事迹。

发起成立中国国际茶文化研究会

中国大陆当代茶文化之兴起，始于改革开放后的20世纪80年代，

王老保存的由周恩来总理1951年3月2日颁发的任命书，
时任苏南人民行政公署人民监察委员会委员

一些茶书陆续出版。但作为茶文化复兴的标志，则是1990年秋天在杭州召开的中国国际茶文化研讨会和此后成立的中国国际茶文化研究会，其主持人和发起人正是浙江省政协原主席王家扬。

王老长期生活在北方，原来不常饮茶，解渴以白开水为主。1978年，他调回浙江。杭州是中国绿茶之都，好山好水好茶，会议或外事活动都有色香诱人的龙井茶。王老先是啜饮解渴，久而久之，就品出了茶味，上了茶瘾。

1989年春节，王老到杭州茶人之家参加茶话会。茶人相聚，主题当然离不开茗饮茶事，会上气氛祥和，其乐融融。受环境气氛的感染，王老顿生灵感：浙江是全国首屈一指的茶乡，茶圣陆羽的《茶经》在浙江写成，丰富多彩的茶文化是中国传统文化的组成部分，鉴于近、现代的衰落很需要复兴，而作为一种世界性的健康饮料，尚缺少国际间的交流与合作，为进一步弘扬中国茶文化，并开展国际间的合作，很有必要举办国际性的茶文化研讨会。

王老的主意得到了茶人们的热烈拥护。由杭州8家涉茶单位经过一年半筹备，1990年10月，有中、日、韩、美等国和中国台湾、香港地区茶人参与的中国国际茶文化研讨会，首次在杭州召开，王老主持了这次会议并取得成功。

1990年10月，王家扬在首届杭州国际茶文化研讨会上致辞

杭州中国国际茶文化研讨会揭开了中国当代茶文化复兴的序幕，而作为当代茶文化复兴之标志，还是3年后由王老发起倡议成立的中国国际茶文化研究会。这一倡议得到了国家有关部门的重视和支持。1993年，经民政部批准，中国国际茶文化研究会正式成立，由农业部和文化部主管（后划归农业部）。王老众望所归，被推选为会长。王老先后主持了两年一届的浙江杭州、湖南常德、云南昆明、韩国汉城、浙江杭州、广东广州的前六届国际茶文化研讨会，并在2000年9月第六届国际茶文化研讨会上，将会长职务交棒于二任会长刘枫。

发起创办浙江树人大学

创办浙江树人大学，是王老晚年最为得意的一件大事。管子曰：一年树谷，十年树木，百年树人。王老生日为植树节，非常重视树木、树人，树人大学校名寓意于此。

该校创办于1984年，是中国改革开放以来最早成立并经教育部首批批准承认学历的全日制民办本科院校之一。2000年，浙江省电子工业学校、浙江省轻工业学校（舟山东路校区）、浙江省对外经济贸易学校并入；2001年6月，浙江勘察工程学校并入；2003年，升格为本科院校。截至2022年6月，该校拥有杭州拱宸桥校区与绍兴杨汛桥校区，占地1 232余亩。30多年来，已为社会培养大量人才。

办学初期，学校经费困难，师资短缺，王老动员社会各界帮助办学。最难得的是，日本丹月流茶道宗家丹下明月女士，非常尊敬王老，尊之为兄长。在王老的感召下，她乐意担任该校茶文化教授，自1992年以来，每年春秋两季，免费到树人大学讲授茶道，坚持了十多年，2010年以后因年事已高才停止授课。多次为树人大学捐款，并捐赠茶具、和服、书画等。尤其令人感动的是，2010年，她还卖掉家中房产，为杭州中国茶叶博物馆二期建设捐款2 130万日元，折合人民币130多万元。

20世纪90年代，王老在浙江树人大学校庆活动中致辞

在王老倡导下，该校人文学院设有茶文化专业，该专业当时为全国高校之最，颇受学生、家长和社会欢迎。王老对该专业格外重视，经常与学生交流，指出当下正是茶文化复兴黄金时期，社会非常需要茶文化人才，希望他们专心学习，以"茶圣"陆羽为榜样，成为社会有用之才。据了解，随着茶文化兴起，该校茶文化专业毕业生供不应求，很多单位直接到学校招人，成为该校热门专业之一。

2017年5月17日，百岁王老到浙江树人大学绍兴杨汛桥校区视察，与该校家扬书院的大一学子在一起（图片引自浙江树人大学绍兴杨汛桥校区网站）

为家乡教育事业和"五水共治"捐款155万元

王老离休较早，工资有限，先后为家乡教育事业和"五水共治"（指治污水、防洪水、排涝水、保供水、抓节水）慷慨解囊，先后捐出工资积蓄155万元，其高风亮节令所有知情者，尤其是家乡人民感佩之至。

2009年，王老为家乡宁海县人民教育基金会捐款25万元，设立了王家扬奖教奖学基金。2012年，他又动员社会力量为该基金增资330万元。十多年来，共有200多位优秀教师和学生受奖，发放奖金近30万元。

2014年5月，97岁的王老得知家乡正在大力推进"五水共治"，主动联系宁海县与老家桑洲镇的相关领导，希望能尽自己的绵薄之力，共同保护好这一片绿水青山。并主动向家乡捐出多年的工资积蓄130万元，以及珍藏的珍贵字画书籍、史料等。

王老少小离家参加革命，但对故乡桑洲之山水念念不忘，尤其让他高兴的是，该镇地处宁海南部，紧邻台州，属于天台山余脉，近年因地制宜，大力发展茶叶种植，已有茶园8 000余亩，出产的望海早茶小有名气，成为新兴的名茶之乡。王老多次寄语家乡领导，希望发展休闲观光茶园等特色产业。

　　桑洲镇现已建成茶文化展馆，其中有王老茶事专题介绍。2022年春茶时节，王老子女回故乡，看到家乡茶文化展馆非常高兴，表示如果家乡需要，他们愿意捐赠王老更多茶文化收藏。

2017年3月8日，宁海家乡代表杨象富（左三）、储吉旺（左二）等赴杭州，祝贺王老百岁高寿

德高望重茶人敬

　　陆羽倡导茶人应该成为"精行俭德"之人，简单地说就是具有良好的德行与操守。王老慈祥谦恭，温和热情，德高望重但礼贤下士，身居高位却平易近人，待人处世深得人们称道，不愧为茶人典范。作为社会活动家，他还先后兼任过杭州大学校长，民办树人大学董事长

兼校长，浙江大学总校友会顾问，浙江对外友协会长，浙江省国际文化交流协会理事长，中国陶行知基金会副会长，中国徐霞客研究会顾问，浙江省陶行知、徐霞客研究会名誉会长，《文化交流》杂志社社长，中国茶叶博物馆名誉馆长等职。凡与王老交往过的海内外茶人及各界人士有口皆碑，无不感受到他的人格魅力。

王老创导"天下茶人一家"，团结海内外茶人，围绕茶文化这一大目标，最大限度地发挥大家的积极性与创造性。"爱人者，人恒爱之；敬人者，人恒敬之。"除国内很多茶文化单位聘请他担任顾问外，他还被聘任为韩国国际茶道联合会顾问、美国茶科学文化协会、香港茶艺协会名誉会长等职。日本、韩国、马来西亚，以及中国香港、台湾等很多海内外茶文化个人及团体，经常拜访他，以此表达友谊和敬意。2004年2月，韩国茶人联合会草日香茶会和韩国音乐创作会一行20多人，专程到杭州为王老举办了一场"耆老茶会"，以表彰他为国际茶文化研究作出的杰出贡献。由此可见王老在海内外茶人中的崇高威望。

2003年4月20日，王老与笔者在湖州茶圣陆羽诞生1270周年纪念大会上合影

《尚书》云："明德惟馨"，意为惟有美德才能百世流芳。这正是王老高风亮节之写照。

笔者深受家乡名茶望海茶、望府茶熏陶，1989年开始发表茶文，受到王老赞赏和器重。1994年春节，王老曾邀笔者去中国国际茶文化研究会工作，因一念之差，未能成行。但笔者一直孜孜以求从事茶文化研究。谨以此文感谢王老的知遇之恩，并表达崇敬之情。赞曰：

> 百岁人瑞王家扬，明德惟馨如茗香。
>
> 少小离家建功业，高风亮节播芬芳。

篆刻泰斗高式熊　印谱书法溢茶香

2019年1月25日凌晨4点15分，当代篆刻泰斗、鄞县籍西泠印社名誉副社长、上海市书协顾问、上海市文史馆馆员高式熊在上海仙逝。高老1921年生于宁波鄞州，享年虚岁99岁，是谓"白寿"之年。是日，在沪、杭、甬三地，人们以多种方式缅怀高老德艺双馨，足见其崇高之威望。

高式熊（1921—2019）

2018年4月18日，在浙江绍兴举行的中国书法最高奖——第六届中国书法兰亭奖颁奖典礼上，高老被授予终身成就奖，其颁奖词如下：

> 97岁的老人，阅尽沧桑，见证了现、当代书法篆刻发展之历程。其书风印风，以赵叔孺、王福庵为根基，出规入矩，

典雅高迈；一笔一画，一刀一刻，由技入道，以"无我"姿
态达"有我"之境界。几十年来，他潜心书艺，心境超然，
远离尘嚣，人书俱老。在当代书坛，其为人治艺，艺德兼修，
为年轻一代书家树立了典范。

笔者作为茶文化学者，尤为关注高老在茶文化方面的艺术力作。
2005年、2015年，高老先后完成《茶经印谱》、楷书《陆羽茶经》，作
为其篆刻、书法中的代表作品，受到广大茶人、篆刻、书家爱好者、
收藏家器重。另有诸多书法茶联，并领衔篆刻《历代咏茶佳句印谱》
《名茶印谱》等。本文主要记述其茶文化篆刻、书法事迹。

翰林书家有传人

高式熊，浙江鄞县（今宁波市鄞州区）人。其父高振霄（1877—
1956）乃晚清翰林太史、新中国上海市第一批文史研究馆馆员、著
名书法家。1904年参加中国历史上最后一次科举考试，得中二甲第
四十七名进士，入翰林院，官编修，时人常称呼"高太史"。清朝末
年，时代变革，末代进士命运各异，高振霄拒绝袁世凯、段祺瑞直至
汪精卫的利诱拉拢，先后在汉口、上海等地卖字、授课为生，1930年
定居上海，以教书、鬻书自给，生活清贫。当时高式熊年仅10岁，从
老家到上海与父亲相依为命。其时一位铁行陈老板聘请翰林高振霄做
家庭教师。父亲带高式熊住在铁行楼上，上午教陈家四个儿子，下午
教高式熊写字、读书，星期六父子俩才回家。

高式熊幼承家学，7岁得父亲启蒙。他从小喜欢刻印，早年还瞒着
父亲。一次，名家赵叔孺发现他的印章颇有功力，非常高兴并大为赞
许，父亲才知儿子有此天赋。此后父子双双鬻书、刻章，以此维持一
家人生计。1953年，高振霄被聘为上海市第一代文史馆馆员，后来又
当选为政协委员，有了正式工作和固定收入，生活得以极大改善。

高式熊20岁时获名家赵叔孺、王福庵指导，擅书法、篆刻及印学

鉴定，书法出规入矩，端雅大方；后又喜摹印作，对历代印谱、印人流派极有研究。其书法楷、行、篆、隶兼擅，清逸洒脱，尤以小篆最为精妙，与篆刻并称双美。其青年时期即加入西泠印社，27岁时完成《西泠印社同人印传》印谱四册。此后有《高式熊印稿》等多种专著问世。书法、篆刻作品多次在海内外展出、发表。

高氏父子书家传人，且青出于蓝胜于蓝，在上海和家乡宁波传为佳话。2010年，高式熊把父亲高振霄的一批墨宝和遗物捐赠给宁波帮博物馆，受到家乡父老的好评。

2012年，92岁高老为笔者手书台屏小品

2014年设立的宁波市篆刻艺术馆，辟有高式熊书法、篆刻专馆。

《茶经印谱》开先河

近年来，受家乡宁波茶文化促进会、宁波城市科学研究会、宁波七塔禅寺等单位邀请，高老先后单独或与其他篆刻家合作，创作了《茶经印谱》《千字文印谱》《宁波名胜古迹印谱》《三字经印谱》《道德经选句印谱》《礼记选句印谱》《波罗蜜多心经印谱》等系列印谱，将传统经典文化与篆刻艺术融为一体。

其中茶文化经典之作《茶经印谱》完成于2005年1月。该印谱精选"茶者，南方之嘉木也""精行俭德""发乎神农氏，闻于鲁周公"等《茶经》短语45句，治印45方，边款近3 000字。高老还专刻一方印章，记载了该印谱创作经过："甲申冬十二月，应宁波茶文化促进会之邀，篆刻《茶经印谱》，前后历时一月余，成印四十五方，款文近三千。是为记。高式熊。"

《茶经印谱》开茶文化之先河，丰富了《茶经》版本内容，深受茶

文化界、书画界、收藏界青睐。

2005年1月，高老在宁波茶文化促进会历时
一个多月，完成《茶经印谱》

《茶经印谱》由著名篆
刻家韩天衡题签

《茶经印谱》之一：
"茶者，南方之嘉木也"

《茶经印谱》之二：
"苦茶轻身换骨"

大病后三天完成楷书《陆羽茶经》

高老年轻时是文艺、体育活跃分子，喜爱摄影、吉他、骑马等，现在还能用吉他弹奏娴熟之国乐《春江花月夜》。年近百岁，依然身轻体健，乐观豁达，脑不衰、眼不花、耳不聋、手不抖，自称"90后"，喜欢到各地走走。笔者多次与高老一起吃便宴或便饭，各种荤素都吃一点。他说在家多是家常菜，基本不吃什么补品，好烟少酒，喝茶不讲究，以各地友人送的绿茶、白茶为主。

健康高老年逾九旬仍常年执刀篆刻，宝刀不老，屡出佳作，系古今高龄篆刻第一人。

2014年前后，高老还与癌魔抗争了一番。当时良医作了微创手术，辅以激光清除病毒，但很不乐观，判定他为晚期癌症，凶多吉少，让家属准备后事，毕竟是九旬高龄，至亲好友都非常担心。令人惊喜的是，顽强的高老以超人毅力，辅以每天坚持吃西洋参炖冬虫夏草，一年左右居然完全康复，癌细胞消失得无影无踪，其主持良医连称奇迹。其中一靠良医妙手回春；二靠高老强硕体质，坚强毅力；三靠西洋参炖冬虫夏草得益。

2015年春天，康复后的高老再次受邀来到宁波茶文化促进会，仅三天时间完成了7 000多字楷书《陆羽茶经》，平均每天书写2 000多字蝇头小楷，书法精美，富有欣赏和收藏价值。

2015年春天，95岁的高老在宁波茶文化促进会，三天完成7 000多字楷书《陆羽茶经》

楷书《陆羽茶经》书封、书页

2005—2015年，时间相隔十年，可谓十年磨一剑，高老一人完成了篆刻、书法两种特色《茶经》版本，非常难得。

《高式熊书法篆刻集》，宁波茶文化促进会、宁波印社2020年联合编印

晚年结缘茶文化

高老晚年与茶文化结缘，一段时间应紫砂名家邀请，铭刻了很多紫砂壶，多以篆书、楷书入壶，浑厚古朴，被藏家视为珍品。

尤其是2004年被聘为宁波茶文化促进会顾问之后，高老茶文化雅兴日浓。凡事均有发兴缘起，其《茶经印谱》、楷书《陆羽茶经》等主要茶文化篆刻、书法，均由宁波茶文化促进会创意策划，高老因此存有感激之情。

2017年、2018年，高老还为浙江省书协篆刻创作委员会、宁波茶文化促进会领衔篆刻《历代咏茶佳句印谱》《名茶印谱》两种茶文化印谱，使高雅印谱锦上添花。

2018年5月，高老手书30多幅茶联，在宁波茶文化博物院展出，蔚为壮观，足以出一本茶联书法专集，让参加第八届宁波国际茶文化节的海内外嘉宾大开眼界。

2018年5月，高老在家中展示手书"功崇惟志，业广惟勤"

同年5月，高老还为上海"五四青年节——文艺家们的青春宣言"特辑书写青春寄语："功崇惟志，业广惟勤。"词句出自《尚书·周书·周官》，意为取得伟大之功业，源于伟大之志向；而完成伟大之功业，则在于辛勤地工作。这正是高老一生之写照。

斯人已逝，艺术永恒。高老留下的诸多篆刻、书法墨宝，已成为难得的精神财富，长留于人间。

周大风《采茶舞曲》蜚声中外

1983年，宁波镇海（今北仑）籍著名音乐、戏剧家周大风（1923—2015）创作的《采茶舞曲》，被联合国教科文组织评为亚太地区优秀民族歌舞，并被推荐为"亚太地区风格的优秀音乐教材"。这是中国历代茶歌茶舞得到的最高荣誉。

这首具有浓郁江南风格和民间韵味的茶歌舞曲，曲调清新、节奏轻盈，犹如一幅秀丽的画卷，勾勒出江南茶乡的明媚春色，令人心旷神怡、心驰神

周大风

往……不仅浙江乃至全中国人民耳熟能详，1958年以来，除被浙江人民广播电台作为开播时的"起始曲"和浙江歌舞团、中央歌舞剧院等数十家文艺团体作为保留节目外，在全世界还有60余种唱片、磁带、CD片发行，倾倒了无数中外听众和观众。歌词是这样的：

溪水清清溪水长，溪水两岸好呀么好风光。

哥哥呀，上畈下畈勤插秧；

妹妹呀，东山西山采茶忙。

插秧插得喜洋洋，采茶采得心花放；

插得秧来匀又快，采得茶来满山香。

你追我赶不觉累，敢与老天怎春光。

溪水清清溪水长，溪水两岸好呀么好风光。

姐姐呀，采茶好比凤点头；

妹妹呀，摘青好比鱼跃网。

一行一行又一行，摘下的青叶往箩里装；

千箩百箩千万箩，箩箩嫩茶发清香。

多快好省来采茶，好换机器好换钢。

2002年，周大风与《采茶舞曲》首唱、浙江歌舞团著名
歌唱家叶彩华在杭州西湖梅家坞茶园合影

周总理关怀《采茶舞曲》

《采茶舞曲》原是作者创作的《雨前曲》里的一支插曲。这支歌舞曲不仅倾注着周恩来总理的深情，它的诞生也与周总理不无关系。

笔者1989年开始信访周大风《采茶舞曲》相关内容，其晚年常到家乡北仑小住，笔者有机会多次面谈，了解到很多由其口述、未见诸文献的难得史料。

据周老口述，1955年初，省里一位领导告诉周大风："周总理说杭州山好、水好、茶好、风景好，就是缺少一支脍炙人口的歌曲来赞美。"当时女作家陈学昭写了一首很长的散文诗，但周大风觉得不适宜作曲。他一直想着要写一支赞美浙江的歌曲。

一晃过了三年，1958年春天，时任浙江越剧二团艺术室主任的周大风和全团50多人到浙江泰顺山区巡回演出。他与村民们一同采茶、插秧，繁忙的生活激发了他的创作灵感。5月11日晚，他以越剧与滩簧相结合的技法，吸收浙东民间器乐曲音调，并采用有江南丝竹风格的多声部伴奏，一个通宵写出了《采茶舞曲》词、曲和配器，第二天就交给当地东溪小学排演。小学生们一学就会，随着欢快的节奏，很自然地手舞足蹈，模拟采茶动作，边唱边舞到校门外的茶山上采起了新茶。

1990年10月24日，香港《新晚报》刊出笔者《周大风〈采茶舞曲〉饮誉国际》

《采茶舞曲》创作成功后，他又一鼓作气，三天时间写出了九场大型越剧《雨前曲》。这一反映粮茶生产相辅相成的新戏，在杭州、上海等地演出成功后，同年8月赴京演出。宣传部周扬副部长观看演出后，即号召首都文艺界人士前来观摩。9月11日晚，周总理和邓颖超在长安剧场观看该戏后，与演员们谈了一个多小时。他说："《雨前曲》写了生产发展从不平衡到暂时平衡，又不平衡，再平衡……主题很好，有哲理性。只是戏剧性还不够，可再加工。《采茶舞曲》出现多次是好的，曲调有时代气氛，江南地方风味也浓，很清新活泼。"周总理还专门叮嘱周大风："有两句歌词要改（原词'插秧插到大天亮，采茶采到月儿上'），插秧不能插到大天亮，这样人家第二天怎么干活啊？采茶也不能采到月儿上，露水茶是不香的。作者缺少生活，建议你到梅家坞再去生活一段时间，把两句词改好，我是要来检查的……"

周大风当时以为总理是与他开玩笑的，想不到几年后的一天，他在西湖梅家坞体验生活时，突然一辆轿车停在他身边，走下来的是周总理，他笑着说："周大风，你果然来体验生活了，词改好没有？"

周大风又惊又喜。当他内疚地表示还没有改出来时，周总理亲切地说："你要写心情，不要写现象。戚秘书，你记下来：'插秧插得喜洋洋，采茶采得心花放'。这样改，你看如何？不过只给你参考，你还可再改，改好了重新录音。今天我有外事任务，再见！"

日理万机的周总理，如此关心一位文艺工作者和一支歌曲，这使周大风感动不已，终生难忘。这两句歌词改得好，《采茶舞曲》插秧那两句从此就用了周总理修改的新词。

音乐出版社1964年出版的《采茶舞曲》封面

20世纪60年代，因为历史原因，周大风吃了不少苦头。直到1971年，毛泽东主席路过杭州，在火车上召见浙江省委书记，忽然点名要看《采茶舞曲》。还有陈毅等老一辈党和国家领导人也很喜爱《采茶舞曲》。1972年，西哈努克亲王到杭州，也点名要看《采茶舞曲》，周总理指示在西湖国宾馆前广场上演出，在宾馆凉台上观摩的周总理和西哈努克亲王拍手击节唱和，乐也融融。

中国宫廷乐社2012年6月出版的CD：中国民族音乐大系国粹——民族舞曲专辑《采茶舞曲》封面

自学成才音乐家

由于生不逢时，出身富商家庭的周大风并非科班出身，而是靠自学成才。他祖籍镇海大碶（今北仑大碶），1923年生于上海，原名周祖辉，书名周之辉。父亲周六吉是镇海最早的共产党员之一，曾捐献4万银圆给镇海地下党组织。他只读过一年村塾、六年小学、一年外语商科。依靠自学成才，终成学识渊博的一代名家。

"歌一曲，文千章，闲来作画弄宫商。"这是周大风66岁生日写的《六六吟——调寄鹧鸪天》。很多人认为其中"歌一曲"必为蜚声中外的《采茶舞曲》，他却摇头说："非也，非也，我本人最满意的作品乃《国际反侵略进行曲》。"

1939—1941年，周大风曾在上海的爱国报纸上，陆续发表20多首抗日歌曲及多篇文章。17岁那年，他从报刊获悉，当时世界最有影响的反侵略国际组织——国际反侵略联盟，在中国等多个国家征集以反侵略为主题的歌曲。他创作了一首《国际反侵略进行曲》应征："全世界二十万万的人民，快放弃国家民族人种的私见，为着人类生存义明，为了世界永久和平，一齐起来向侵略者作一次最后的斗争！"这首歌在众多应征者中脱颖而出，被国际反侵略协会定为会歌。该歌曲首刊于上海《正言报》和香港《星岛日报》，后被译为多国文字，唱响全球，许多国家举行反侵略集会、游行时都要高唱此歌。蔡元培先生则赞誉该曲"全球同声，为国争光"。

词赋赞美家乡茶

周大风家乡多茶山，他为家乡茶写过《龙角山香茶赋》和《天赐玉叶赋》。1999年4月4日，周大风参观了故乡新路西岙龙角山茶园、茶厂。应茶厂领导之请，即兴挥毫，写了一首《龙角山香茶赋》，盛赞馥馥奇香的家乡茶：

> 太白之麓，新路之谷；云雾缭绕，林木苍郁。
> 荆路草径，山重水复；奇石怪岩，悬崖飞瀑。
> 密林沃土，香茶幸出；碧绿青翠，毫光闪烁。
> 异香扑鼻，氤氲清越；淡泊质朴，不同凡俗。
> 嗟哉！如美人兮束之高阁；
> 嗟哉！如逸士兮隐栖山窟。
> 悠哉千百载，寂寞乎冷落。
> 幸哉！有识者到此驻足；
> 幸哉！今香茗兮脱颖而出。
> 任君细回味，任君多品啜。
> 提精神，明双目，去腻脂，涤污浊。
> 润肺腑，解百毒，促灵感，助思索。
> 美哉！馥馥龙角；香哉！馥馥龙角！

2002年的一天，周大风品尝家乡天赐玉叶茶，连声称赞堪与龙井媲美。当他听说此茶曾获中国精品名茶博览会金奖时，信笔写下《天赐玉叶赋》：

北仑有嘉木，隐藏群山窟。

暗暗吐清香，千年嫌冷落。

智者一声呼，天赐玉叶出幽谷。

玉叶闪春光，碧波泛新绿。

异香扑鼻来，氤氲又清越。

沁心兮明目，回气荡肠添愉悦。

愿君细回味，愿君常品啜。

伴君广交友，伴君助思索。

天赐好玉叶，带给人间美和乐，

蔎蔎何蔎蔎，乐乐何乐乐。

天赐好玉叶，带给人间寿和福。

这是周大风留给家乡难得的精神财富。

晚年周大风在茶文化活动中介绍创作体会

每月消费1千克绿茶

2010年，年逾八旬的周大风告诉笔者，他生于饮茶世家，祖父、父亲都爱饮茶，受家庭熏陶，他三四岁就开始尝茶，现在茶瘾较大，每天三四泡浓茶，每月要1千克左右。他爱喝绿茶，除龙井和家乡等地的绿茶外，晚年喝得最多的还是带给他《采茶舞曲》的泰顺名茶"三杯香"，为此他写了一首《三品三杯香》：

一品三杯香，清香润五脏；

二品三杯香，荡气又回肠；

三品三杯香，精神格外爽。

天下佳茗知多少，难得泰顺三杯香！

多才多艺的周大风，在音乐、教育、戏曲方面造诣颇深，是国家一级作曲家、研究员、教授。曾任浙江省音乐家协会主席、省音乐教材主编、中国音乐家协会常务理事兼音乐教育委员会副主任等职，发表音乐教育及美学论文一百多篇，创作乐曲100余首，出版《周大风音乐教育文集》《越剧唱法研究》《钢琴的制作与维修》等专著25本。

他77岁退休后，曾任浙江省关心下一代工作委员会艺委会主任，兼任100多所学校的顾问和名誉校长，经常外出免费讲学，为培养下一代倾注了诸多精力。

沈元魁《试茶》诗书美

2016年仙逝的已故著名书法家、诗人沈元魁（1931—2016），生前系中国及浙江省书协会员、省诗词楹联协会会员、天一阁博物馆顾问、宁波茶文化书画院顾问等。书法师从钱罕，为清代书法大师梅调鼎再传弟子，"浙东书风"传承人，擅多种书体，尤以行书见长，颇得梅氏神韵。并得郭绍虞、龙榆生等教授指点诗词，造诣良速。作品多次在国内外展出、发表、收入专集或被收藏、刊石，并有多幅作品获奖。1988年曾在宁波天一阁举办个人书法展览。与弟元发、侄师白联袂的书法合集《三苑掇英——沈元魁、沈元发、沈师白书法选集》，2008年由西泠印社出版，颇受好评。2021年，沈元魁《倚头诗词集萃》由宁波出版社出版。

"仙茗望海不寻常"

沈老诗词中，部分为茶诗，著名的有《试茶》，诗、兼美，堪称宁波当代最美茶文化诗书之一：

仙茗望海不寻常，玉盏朱壶意味长。

一洗杯盘残绿尽，微风过户有余香。

这一《试茶》诗书，是沈老2004年春天品饮望海茶之后留下的诗章。作为新兴名茶，目前赞颂望海茶的诗词还不多，《试茶》是其中较有韵味的一首，尤其是结尾句"微风过户有余香"，将望海茶的馥郁清香刻画得淋漓尽致，不愧为一首好诗。配上沈老清雅秀逸的书法，诗书双美，相得益彰。笔者将沈老诗书列为已见望海茶最佳茶诗书，非常难得。

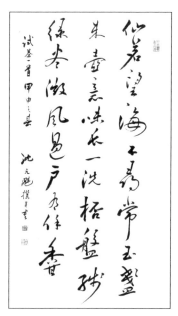

沈老生前未到过望海茶产地，但他在宁波国际茶文化节等多种名茶展会上，观赏、品饮过望海茶，更有包括笔者在内的向沈老求字、求学者，经常会向沈老赠送望海茶等名茶，沈老对望海茶情有独钟，为望海茶留下了难得之诗书墨宝。

沈元魁2004年诗书《试茶》

2010年，笔者在宁波茶文化促进会会刊《茶韵》杂志，发表介绍沈老茶文化诗文章，沈老非常高兴，赋成绝句《谢竺济法君茶文》，其中写到"望海缘缔一树芽"：

笔底春云气亦茶（阁下），砚田浅履愧承夸（拙书）。

鸿文每得朋辈赞（阁下），望海缘缔一树芽（我曹）。

该诗括号附注中第一、第三句意指笔者，第二句为沈老自谦，第四句"望海缘缔一树芽"，意为我们相识，缘于望海茶，亦泛指茶文化。惜当时未请沈老留下墨宝。

沈老晚年作书留影

为明州仙茗命名新咏三首

沈老2003年被聘为宁波茶文化书画院顾问，他的诗书中因此多了茶文化元素。2004年仲春，曾为宁波茶文化促进会成立书写一对茶酒联：

最宜茶梦同圆，海上壶天容小隐。

休得酒家借问，座中春色亦常青。

其书写的全祖望《十二雷茶灶赋并序》，被宁波茶文化博物院制成屏风陈列，成为博物院一道风景。

2011年3月，宁波市整合茶叶品牌，推出全市统一品牌明州仙茗，激发沈老诗兴，赋成《为明州仙茗命名新咏三首》：

其　　一

代酒青宵客座茶，明州正品嫡仙芽。
馨香事业从来梦，尽现朝阳七彩茶。

其　　二

缭绕清芬带笑呵，仙茗别植有层坡。
群贤商略几多事，全凭茶香一饮和。

其　　三

每煎雨前上琼楼，香浮嫩绿引遨游。
何期眼底明州品，错把氤氲觅九州。

该诗对家乡推出统一品牌明州仙茗作了热情赞美。其一赞美明州仙茗今后将是本市第一品牌，客来敬茶，以茶为礼，襄助事业，都是上佳茶品；其二写名茶生态环境，次写茶登大雅之堂，茶话会等必有佳茗；其三抒发品饮明州仙茗引发遐想，遨游九州优美风光。尽管明州仙茗品牌整合遇到困难，但沈老茶诗已经记录在案，成为历史文献。

沈老还经常抄录《茶韵》等茶刊发表的一些茶句，如为第五届宁波国际茶文化节茶文化书画展提供的书法作品，其中一幅就是抄录《茶韵》发表过的屠本畯茶句："不佞生也憨厚，无所嗜好，独于茗不能忘情。"

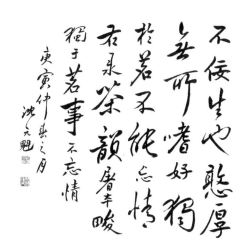

沈老2010年书屠本畯茶句："不佞生也憨厚，无所嗜好，独于茗不能忘情"

德士操守清似茶

"君子之交淡如水"是在国人中广泛流传的处世名句，旧时格言、启蒙类读物中，另有下联为"小人之交甜如蜜"。这一名句典出《庄子·山木》，原句为"且君子之交淡若水，小人之交甘若醴；君子淡以亲，小人甘以绝"。醴为甜酒，意思为君子有高尚的情操，他们的交情不含功利之心，犹如水一样淡泊平和，友谊却长久而亲切；小人之间的交往，往往包含着浓重的功利之心，他们把友谊建立在相互利用的基础上，表面看起来"甘若醴"，如果对方满足不了功利的需求时，很容易断绝，他们之间存在的只是利益。

水与茶相通，很多茶人因此将"君子之交淡如水"用于茶友之间的互勉。作为茶文化用语，笔者似感不足，为此另续了一句下联："德士操守清似茶。"人们常用粗茶淡饭、清茶一杯形容为人处世的俭朴与清正，已故佛学大师、诗人、书法家赵朴初则有"世上何物比茶清"的诗句。虽然笔者的下联不甚工整，但算得上一对茶联。

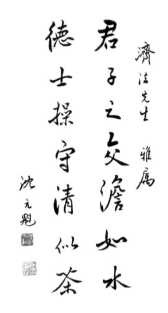

沈老2011年手书："君子之交淡如水，德士操守清似茶"

2011年，笔者请爱茶的沈老书写此联，留下了珍贵墨迹。

沈老胞弟元发先生（1941—2019），同为著名书法家，生前亦厚待于我。很多与沈氏兄弟交往的文友，均说他们个性、书风不同，字如其人，相同的则是术有专攻、重义轻财的精神境界。兄长谦逊温和，烟酒不沾，书风秀美飘逸，书卷气浓；弟弟则是性情中人，性格豪放，讲话直率，书风气势磅礴，大气精到，尤以行草见长，章法严密，用笔遒劲，笔势奔放，结体庄重，雅俗共赏。但兄弟俩均很好地继承了东晋大书法家王羲之、王献之父子"二王"之书风。包括元发之子师白，师从伯父，书法亦颇有造诣，被誉为"一门三沈"，较好地传承了"浙东书风"。师白今为"浙东书风传习所"掌门人。

"浙东书风传习所"由沈元发先生题额

元发先生亦留有多种茶文化书法墨迹。2012年，我借苏东坡《初到黄州》句"好竹连山觉笋香"作下联，草成上联"佳茗遍野思茶味"，作为茶联请沈老题书。不久即收到其墨宝，上钤"问梅后人"等六枚印章、闲章，足见其用心之良，深为感动。

感谢沈氏兄弟厚待于我，笔者草成《悼甬上著名书家沈公元魁、元发兄弟》，祝愿他们泉下安息：

　　各异书风气节同，
　　惟馨明德意豪雄。
　　神交缘起茗茶事，
　　千古墨香仰雅风。

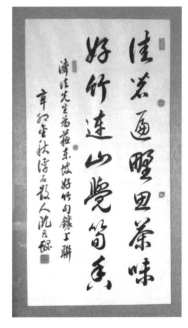

2012年秋天，沈元发先生手书："佳茗遍野思茶味，好竹连山觉笋香。济法先生为苏东坡好竹句镶上联。""浮石散人"为其大号

姚国坤茶著等身

"姚国坤老师是现在茶文化界的元老级人物，是一个非常可爱的老爷爷，很有漫画造型，常常戴着一顶红色的八角帽，总是笑容可掬。他精神矍铄，身体倍棒，很多小青年都及不上他，特别是我。正因为这样，每天都非常忙碌的他，照样著述颇丰。他之前出过一本厚厚的《图说浙江茶文化》，最近他出版了《图说中国茶文化》，全国珍贵稀有的茶文化图片资料让人大开眼界，而且图片的质量也非常之高。我听他说过以后还要出版《图说世界茶文化》（该书于2013年1月由中国文史出版社出版），我非常期待。"

这是2008年浙江农林大学青年教师潘城写在博客里的一段话，比较形象地概括了该校茶文化学院副院长、中国国际茶文化研究会副秘书长、国际著名茶文化专家姚国坤的个性特点。

美国著名摄影家马修（Matthew London）
2010年为姚国坤留影

日本漫画家为姚国坤画的
漫画像

浙农大优等生留校任教，
中茶所任茶树栽培学科带头人

　　年逾八旬的姚老1937年生于"文献名帮"浙江余姚的一个农民家庭。家里原来不希望他报考农业大学，缘于其伯父姚电侠是当地一位名人。伯父武术功夫非常了得，20世纪民国时期曾是上海精武体育总会总教练，后辗转广东。接着下南洋到马来西亚吉隆坡，曾在精武体育会创始人霍元甲次子霍东阁门下任武术教练。但因抗战爆发而未能施展才华。抗战胜利后，伯父应聘回祖籍余姚，在当地著名的余姚中学任教。伯母1936年毕业于天津女子师范专科学校，也在余姚一所颇有影响的小学出任校长，新中国成立后她还担任过余姚市人民代表。伯父母的3个儿子都是大学生。受伯父家的影响，父母希望他能到社会、医学之类专业深造，将来能分配到政府或技术性强的部门工作，能像伯父、伯母那样光宗耀祖，出人头地。

姚国坤2010年接受中央电视台著名节目主持人
崔永元采访时情景（中）

1958年，姚国坤考入国内著名的茶学高等学府——浙江农业大学（现为浙江大学）茶学系，他倒是随遇而安，没有父母那样的期望。他认为小专业往往科技力量薄弱，将来有更多学问可做。在浙农大，他担任系学生会主席、班主席，大学4年中，30多门功课获得全优，1962年毕业时作为优等生留校任教。

1964年，姚国坤调入中国茶叶科学研究的最高殿堂——位于杭州的中国农业科学院茶叶研究所，曾任科技开发处处长、硕士研究生导师、茶树栽培学科带头人。其间，主持部、省级重点课题6项，取得8项科研成果，获国家级科技进步奖1项，省部级科技进步奖3项。因在茶学方面作出的重大贡献，受到国务院表彰，并颁发奖励证书，享受国务院特殊津贴。

科技援外，为国争光

1972—1975年，姚国坤受农业部委派，随中国专家组赴马里共和国任农村发展部茶叶技术顾问；1982年又被委派去巴基斯坦考察和建立茶叶实验中心的可能性；20世纪90年代以后，还先后20多次去日本、韩国、马来西亚、新加坡等国家，以及我国香港、澳门等地区，从事茶产业及茶文化考察调研和学术交流。

给他留下深刻印象的是在马里工作的日子。马里法拉果茶场原是我国云南专家帮助建立的，茶种选用浙江灌木型良种，面积100公顷。由于当地气候炎热，茶树生长迅速；再加上当地茶园管理粗放，茶树处于自然生长状态，树高达170厘米以上，采茶十分困难，茶叶产量一直上不去。根据中马商定的合同要求，提出的100公顷茶园、100吨茶叶的目标几年无法实现。姚国坤通过调研，认为马里茶叶生产要上去，一要重新塑造树型，改善采茶条件；二要改良当地贫瘠土壤，提升肥力水平。于是，他先行实践，对茶树进行"重修剪"，砍去大部分树冠只留下80厘米左右的树干。然后，根据当地茶园地处原始森林深处，四周杂草生长繁茂的实际，结合当地部落以放牧为主，茶园四周牛粪遍地可捡的情况，对茶园采取深埋牛粪，再在旱季来临前实施铺草措施。但由于当时国内正处于"文化大革命"时期，中方专家组组长原是搞其他工作的，对茶叶生产技术不懂行。他看到重修剪后的茶树，留下的只是光秃秃的一片树干，犹如火烧一般，心中不免起了疙瘩。加之茶树重修剪后，需要经过40～50天才能重新萌芽发枝，如今成了荒墟一片。于是，便认为姚国坤只有理论没有实践经验，影响不好。任凭怎么解释他都听不进去，最后还向驻马使馆做了汇报。幸亏大使也没当场作出反映，否则还知道会出什么结果。

姚国坤（中）在马里

茶树修剪2个多月后，参赞来茶场视察。此时的茶园，已是绿油油的一片，而且整齐划一，管理方便，大使非常高兴，当场称赞姚国坤。大使还寄厚望于他，希望能够实现"双百"目标。而陪同大使去茶园考察的马方领导和技术人员，也向大使竖起大拇指，说姚国坤了不起，大大的好！并希望姚国坤能留在马里，一直工作下去。

当地人从未听说过茶园可施牛粪，认为牛粪会污染茶叶，会有臭味，阻力着实不小。姚国坤多次向他们解释，可就是不理解。为了说服大家，他先给马方技术员讲课，讲解牛粪经过分解、土壤肥力循环、茶树营养吸收，根本不会产生污染茶叶的道理。同时还着重指明肥培管理对茶叶增产提质的重要性。最后，他还自己动手，画了沤肥发酵制作池的图样，指导大家制沤肥。原来马方技术人员还准备请一个工程队来施工建沤肥池呢。这样才算感动了大家，被茶场管理人员所接受，最终成为马里茶场的一项经常性的管理措施。

姚国坤还根据当地茶叶采收量的月分布，对劳动力作了均衡分配，实行按月按量采茶。在他和专家组全体人员的努力下，从1974年开始，终于实现了中国援马茶场100公顷茶园，生产100吨茶叶的"双百"目标。马里政府和中国大使馆举行了隆重的庆祝活动，中国驻马大使热情赞扬姚国坤和专家组为此作出的重大贡献。与此同时，姚国坤还在大使的重视、推荐下，作为一个知识分子在1974年的"七·一"前夕，当国内知识分子还处在"利用、限制、改造"的困境下，在马里加入了中国共产党。日后他与朋友说起这难忘的入党经历，会幽默地说："我在马里入的党，但参加的是中国共产党，简称马里中共党员。"

1975年7月，姚国坤圆满完成援外任务回国。中国驻马使馆向新华社推荐了他在马里援外的事迹。记者专程从北京到杭州对他作了多次采访，最后以第一人称写成通讯稿《在马里工作的日子里》，刊登在同年8月《人民日报》第一版上。当时《人民日报》仅4个版面，作为先进典型发表署名文章是非常高的一种荣誉。

弘扬茶文化，到世界各地讲学

姚国坤生于茶乡，一生事茶，1958年进大学，读的是茶学；1962年大学毕业后，从事的是茶叶科学研究；1996年开始，工作重心转入弘扬茶文化，依然没有离开茶。他一生中从未离开过茶。茶伴随着他的一生，走进他家客厅，扑面而来的是一股茶香，因为在客厅四周，无论是柜子里，还是桌子上，都是各种各样的茶品和茶具。书房里几乎是清一色的各种版本的茶书。夫人陈女士也是他大学茶学专业的同学。他经常说："我的一生，没有离开过茶：与茶终生结伴，与茶一世为友。我这一辈子做的事，就是一个'茶'字。"

2008年10月参加第三届世界绿茶大会，姚国坤与日本静冈县知事石川嘉延合影

姚国坤学茶、爱茶、崇茶、尚茶，做事、做学问、做报告也总离不开"茶"。50多年来，他参加过10多届在中国、韩国、马来西亚等地举办的"国际茶文化研讨会"，3次去日本参加"世界茶叶大会"，在海内外参加过几十次国际性的茶及茶文化专题学术研讨会。还多次赴日本、韩国、巴基斯坦、马里、马来西亚、新加坡，以及我国香港、澳门等国家和地区的教学、科研单位和文化机构做专题学术报告，进行茶文化学术交流。他曾10余次赴日本作茶文化专题讲座，几乎每次都有很多日本茶友要求合影，尤其是女性茶友，他不得其解。一次他问日本翻译是何道理。翻译说，他们说你是个大明星，课讲得好、讲得生动；人长得可爱、可亲！与您合影是一种快乐的享受。听到此话，他幽默地说：原来如此，下次若有人与我合影，我要收出场费了，每次2万日元！

最近几年，姚国坤每年多次去韩国光州圆光大学讲学。大学的一位学者型领导，听了他几次报告后，说他讲课内容有血有肉，讲得非常好。提出要高薪聘请他做教授，在那里讲学。姚老考虑到自己年事已高，觉得在中国更能发挥自己的特长，也就婉言谢绝了。

出版茶著70余部

毕业于浙江农业大学茶学系，长期在中国农业科学院茶叶研究所工作，使他有机会几乎访遍了中国所有的茶叶产区和销区，还经常到全国各地考察指导；加之难得的援外经历和去境外进行茶及茶文化调查考察、交流访问等，使他学识大有长进，这无疑是姚国坤从事茶文化创作的有利条件。

1986年，姚国坤应邀去上海科技出版社担任《中国茶树栽学》的特约责任编辑，有幸认识了该社的编辑。当他们得知姚国坤的经历后，就约稿写一本《饮茶的科学》。结果这本书出版后，重印3次，还在台湾再版。上海科技出版社觉得很满意，于是立马组织其他作者写了一本《饮酒的科学》，结果发行不理想，他们问姚国坤这是为什么？姚老哈哈大笑说："你们想，喝茶要讲品位，讲科学。饮酒，要么用它解愁，要么一醉方休，讲什么科学。既然如此，这本书自然销量受到限制。"

姚国坤代表作《中国茶文化学》书封，中国农业出版社2020年版

1988年，他又作为《中国茶经》的特约责任编辑，与上海文化出版社的编辑们相识相知，该社总编辑上门要姚老主笔，合作写一本《中国茶文化》。当时，对"中国茶文化"一词，虽有其说，但还不曾有书。

姚国坤等搜集资料，三易其稿，1989年完成书稿，1991年由上海文化出版社出版发行。该书在国内重印8次，还在日本和我国台湾再版。

更让姚老如鱼得水的是，1997年，中国国际茶文化研究会首任会长王家扬邀请他去该会担任办公室主任，后又出任学术部主任、副秘书长等职，使他能有更多机会到世界各地的茶文化、茶产业单位考察、讲学、交流，见多识广；加上他的勤奋好学，使他的著述达到了左右逢源、融会贯通的境地。

中国当代茶文化是20世纪90年代开始复兴的。姚国坤1989年出版中国第一本茶文化专著《中国茶文化》后，便一发而不可收。其代表作，当数2020年出版的《中国茶文化学》，该书是姚老致力于茶及茶文化研究与实践近六十个春秋集大成之作，是茶文化学科领域一部重磅学术著作。其他代表作还有"茶文化三说"：《图说浙江茶文化》《图说中国茶文化》《图说世界茶文化》，以及《世界茶文化大全》等。主要著作还有《中国茶文化遗迹》《图说中国茶》《饮茶习俗》《中国古代茶具》《茶圣·茶经》《饮茶健身全典》《西湖龙井茶》《中国名优茶地图》《饮茶的科学》《名山、名水与名茶》等。至2020年，其已经出版的独著、合著或主编的各类茶文化著作共70余部，在中国茶文化著作中占有重要的地位。出版数量之多，反响之大，当属罕见，为中国茶文化之最。著作等身，名副其实。2012年8月，浙江省政协原主席、中国国际茶文化研究会名誉会长刘枫为他题联："茶事春秋五十载，著书立说六十部。"

浙江省政协原主席、中国国际茶文化研究会名誉会长刘枫为姚老题联

此外，姚老先后发表了《优化型茶树的形成特点和定向调控》《论茶为国饮的历史依据及现实意义》《唐代陆羽煮茶法复原研究》《茶马互市的历史意义与古为今用》《试论大唐茶政茶法》等学术论文140余篇。另有《饮茶与养生》《陈茶好还是新茶好》《家庭用茶的贮藏》《饮茶须知》等科普文章130余篇。为此，中国农学会、中国林学会、中国科普作家协会等五个国家级社团组织授予姚国坤"80年代以来有重大贡献的科普作家"称号。

如果说姚老早年茶文化著作以技术和实践见长，那么他晚年的作品则在文史学术和资料性方面作出了重要贡献。

茶文化界多项第一

近水楼台先得月，由于身在茶都杭州，除了著作等身，姚老还在茶文化界创下多项第一：

——全国大专院校茶文化专业第一位系主任。2002年，他受聘于浙江树人大学，任专聘教授，担任该校在全国率先设立的茶文化专业首任学科负责人。

——主持编写全国第一套大专院校茶文化专业教材。2003年开始，为浙江树人大学茶文专业教学之需，组织有关茶文化专家、学者，主编了全国第一套6册大专院校茶文化专业教材：《茶文化概论》《茶叶加工技术与设备》《茶业经营与管理》《茶叶对外贸易实务》《茶的营养与保健》和《茶艺理论与实务》，曾多次出版发行。

——全国首个茶文化学院第一任副院长。2006年，原浙江林学院（今浙江农林大学）建立全国首个茶文化学院，姚老受聘担任该院第一任业务副院长，负责教学业务的制定和对境外的联络工作。

茶著传天下，桃李遍天下，姚国坤堪称茶文化界的"大富翁"。

著作、藏书捐献母校、天一阁

宁波余姚籍著名茶文化专家、中国农业科学院茶叶研究所研究员、中国国际茶文化研究会学术委员会副主任、浙江农林大学人文学院特聘副院长姚国坤，著作等身，已出版茶文化专著、合著、主编79种（部）。近年，他分别将79种个人著作，包括手稿、书画藏品等，捐献给宁波天一阁博物馆。2019年11月6日，宁波天一阁博物馆副馆长饶国庆等4人，已到杭州姚老家接收第一批著作、手稿、书画等捐赠，第二批尚在整理中。

2019年11月6日，宁波天一阁博物馆饶国庆副馆长等人到姚老家里受捐

姚老还决定，将包括个人著作在内的近3 000册藏书，捐献给母校浙江大学图书馆。该馆表示，将在适当时候，举行隆重捐赠仪式。

此前，姚老还分别将部分个人著作捐献给了宁波图书馆和浙江农林大学图书馆。其向上述四单位，共捐个人著作和藏书3 000余册。

姚老表示，自己年事已高，将著作和藏书捐献给图书馆，能够让更多读者阅读参考，不亦乐乎！

图书馆、博物馆是书籍圣地，姚老捐书之美事善举，流芳百世。

计划写出更多茶著

从事茶业工作50多年，姚国坤得过诸多奖项，但最让他欣慰的是，鉴于他在国际茶文化界的崇高声誉和对家乡茶文化事业作出的巨大贡献，2010年5月，家乡余姚市人大常委会通过决议，授予他"乡贤楷模"称号。姚国坤父母健在时，已经看到他取得的骄人业绩，而"乡贤楷模"的崇高荣誉，更足以告慰泉下父母了。

2010年5月，余姚市人大常委会授予姚国坤"乡贤楷模"称号

姚老年逾八旬，如今后辈都尊称其为姚老，其身轻体健，精神健旺，还经常到国内各地参与茶事活动，其行动活力可比实际年龄减去10岁左右，这是饮茶有利健康的最好写照。

姚老人缘好，心态好。目前除了到各地参加茶文化活动、讲学之余，仍潜心书斋，著述不断。他告诉笔者："如果有生之年，阎罗王没有叫我早点去报到，或者把我遗忘了，我还想好好地写一本《自传》呢。"笔者期待他更多茶著和自传问世，为茶文化留下更多精神财富。

衷心祝愿姚老登上108岁"茶寿"境界，出书108部，书寿等身，创茶界奇迹。

参考文献

虞世南，2005．北堂书钞．北京：学苑出版社．

郑培凯，朱自振，2007．中国历代茶书汇编校注本．香港：商务印书馆．

吴觉农，2005．茶经述评．北京：中国农业出版社．

陈藏器，2003．《本草拾遗》辑释．尚志钧，辑释．合肥：安徽科学技术出版社．

胡建明，2011．宋代高僧墨迹研究．杭州：西泠印社出版社．

宁波市江北区政协，2013．梅调鼎书法集．杭州：西泠印社出版社．

滕军，2004．中日茶文化交流史．北京：人民出版社．

附录

宁波茶通典

宁波茶文化促进会大事记（2003—2021年）

2003年

▲2003年8月20日，宁波茶文化促进会成立。参加大会的有宁波茶文化促进会50名团体会员和122名个人会员。

浙江省政协副主席张蔚文，宁波市政协主席王卓辉，宁波市政协原主席叶承垣，宁波市委副书记徐福宁、郭正伟，广州茶文化促进会会长邬梦兆，全国政协委员、中国美术学院原院长肖峰，宁波市人大常委会副主任徐杏先，中国国际茶文化研究会常务副会长宋少祥、副会长沈者寿、顾问杨招棣、办公室主任姚国坤等领导参加了本次大会。

宁波市人大常委会副主任徐杏先当选为首任会长。宁波市政府副秘书长虞云秧、叶胜强，宁波市林业局局长殷志浩，宁波市财政局局长宋越舜，宁波市委宣传部副部长王桂娣，宁波市城投公司董事长白小易，北京恒帝隆房地产公司董事长徐慧敏当选为副会长，殷志浩兼秘书长。大会聘请：张蔚文、叶承垣、陈继武、陈炳水为名誉会长；中国工程院院士陈宗懋，著名学者余秋雨，中国美术学院原院长肖峰，著名篆刻艺术家韩天衡，浙江大学茶学系教授童启庆，宁波市政协原主席徐季子为本会顾问。宁波茶文化促进会挂靠宁波市林业局，办公场所设在宁波市江北区槐树路77号。

▲2003年11月22—24日，本会组团参加第三届广州茶博会。本会会长徐杏先，副会长虞云秧、殷志浩等参加。

▲2003年12月26日，浙江省茶文化研究会在杭召开成立大会。

本会会长徐杏先当选为副会长，本会副会长兼秘书长殷志浩当选为常务理事。

2004年

▲2004年2月20日，本会会刊《茶韵》正式出版，印量3 000册。

▲2004年3月10日，本会成立宁波茶文化书画院，陈启元当选为院长，贺圣思、叶文夫、沈一鸣当选为副院长，蔡毅任秘书长。聘请（按姓氏笔画排序）：叶承垣、陈继武、陈振濂、徐杏先、徐季子、韩天衡为书画院名誉院长；聘请（按姓氏笔画排序）：王利华、王康乐、刘文选、何业琦、陆一飞、沈元发、沈元魁、陈承豹、周节之、周律之、高式熊、曹厚德为书画院顾问。

▲2004年4月29日，首届中国·宁波国际茶文化节暨农业博览会在宁波国际会展中心隆重开幕。全国政协副主席周铁农，全国政协文史委副主任、中国国际茶文化研究会会长刘枫，浙江省政协原主席、中国国际茶文化研究会名誉会长王家扬，中国工程院院士陈宗懋，浙江省人大常委会副主任李志雄，浙江省政协副主席张蔚文，浙江省副省长、宁波市市长金德水，宁波市委副书记葛慧君，宁波市人大常委会主任陈勇，本会会长徐杏先，国家、省、市有关领导，友好城市代表以及美国、日本等国的400多位客商参加开幕式。金德水致欢迎辞，刘枫致辞，全国政协副主席周铁农宣布开幕。

▲2004年4月30日，宁波茶文化学术研讨会在开元大酒店举行。中国国际茶文化研究会会长刘枫出席并讲话，宁波市委副书记陈群、宁波市政协原主席徐季子，本会会长徐杏先等领导出席研讨会。陈群副书记致辞，徐杏先会长讲话。

▲2004年7月1—2日，本会邀请姚国坤教授来甬指导编写《宁波茶文化历史与现状》一书。参加座谈会人员有：本会会长徐杏先，顾问徐季子，副会长王桂娣、殷志浩，常务理事张义彬、董贻安，理事王小剑、杨劲等。

▲2004年8月18日，本会在联谊宾馆召开座谈会议。会议由本会会长徐杏先主持，征求《四明茶韵》一书写作提纲和筹建茶博园方案的意见。出席会议人员有：本会名誉会长叶承垣、顾问徐季子、副会长虞云秧、副会长兼秘书长殷志浩等。特邀中国国际茶文化研究会姚国坤教授到会。

▲2004年11月18—19日，浙江省茶文化考察团在甬考察。刘枫会长率省茶文化考察团成员20余人，深入四明山的余姚市梁弄、大岚及东钱湖的福泉山茶场，实地考察茶叶生产基地、茶叶加工企业和茶文化资源。本会会长徐杏先、副会长兼秘书长殷志浩等领导全程陪同。

▲2004年11月20日，宁波茶文化促进会茶叶流通专业委员会成立大会在新兴饭店举行，选举本会副会长周信浩为会长，本会常务理事朱华峰、李猛进、林伟平为副会长。

2005年

▲2005年1月6—25日，85岁著名篆刻家高式熊先生应本会邀请，历时20天，创作完成《茶经》印章45方，边款文字2 000余字。成为印坛巨制，为历史之最，也是宁波文化史上之鸿篇。

▲2005年2月1日，本会与宁波中德展览服务有限公司签订"宁波茶文化博物院委托管理经营协议书"。宁波茶文化博物院隶属于宁波茶文化促进会。本会副会长兼秘书长殷志浩任宁波茶文化博物院院长，徐晓东任执行副院长。

▲2005年3月18—24日，本会邀请宁波著名画家叶文夫、何业琦、陈亚非、王利华、盛元龙、王大平制作"四明茶韵"长卷，画芯总长23米，高0.54米，将7 000年茶史集于一卷。

▲2005年4月15日，由宁波市人民政府组织编写，本会具体承办，陈炳水副市长任编辑委员会主任的《四明茶韵》一书正式出版。

▲2005年4月16日，由中国茶叶流通协会、中国国际茶文化研究

会、中国茶叶学会共同主办，由本会承办的中国名优绿茶评比在宁波揭晓。送达茶样100多个，经专家评审，评选出"中绿杯"金奖26个、银奖28个。

本会与中国茶叶流通协会签订长期合作举办中国宁波茶文化节的协议，并签订"中绿杯"全国名优绿茶评比自2006年起每隔一年在宁波举行。本会注册了"中绿杯"名优绿茶系列商标。

▲2005年4月17日，第二届中国·宁波国际茶文化节在宁波市亚细亚商场开幕。参加开幕式的领导有：全国政协副主席白立忱，全国政协原副主席杨汝岱，全国政协文史委副主任、中国国际茶文化研究会会长刘枫，浙江省副省长茅临生，浙江省政协副主席张蔚文，浙江省政协原副主席陈文韶，中国国际林业合作集团董事长张德樟，中国工程院院士陈宗懋，中国国际茶文化研究会名誉会长王家扬，中国茶叶学会理事长杨亚军，以及宁波市领导毛光烈、陈勇、王卓辉、郭正伟，本会会长徐杏先等。参加本届茶文化节还有浙江省、宁波市的有关领导，以及老领导葛洪升、王其超、杨彬、孙家贤、陈法文、吴仁源、耿典华等。浙江省副省长茅临生、宁波市市长毛光烈为开幕式致辞。

▲2005年4月17日下午，宁波茶文化博物院开院暨《四明茶韵》《茶经印谱》首发式在月湖举行，参加开院仪式的领导有：全国政协副主席白立忱，全国政协原副主席杨汝岱，全国政协文史委副主任、中国国际茶文化研究会会长刘枫，浙江省副省长茅临生，浙江省政协副主席张蔚文，浙江省政协原副主席陈文韶，中国国际林业合作集团董事长张德樟，中国工程院院士陈宗懋，中国国际茶文化研究会名誉会长王家扬，中国茶叶学会理事长杨亚军，以及宁波市领导毛光烈、陈勇、王卓辉、郭正伟，本会会长徐杏先等。白立忱、杨汝岱、刘枫、王家扬等还为宁波茶文化博物院剪彩，并向市民代表赠送了《四明茶韵》和《茶经印谱》。

▲2005年9月23日，中国国际茶文化研究会浙东茶文化研究中心成立。授牌仪式在宁波新芝宾馆隆重举行，本会及茶界近200人出席，中国国际茶文化研究会副会长沈才土、姚国坤教授向浙东茶文化研究

中心主任徐杏先和副主任胡剑辉授牌。授牌仪式后，由姚国坤、张莉颖两位茶文化专家作《茶与养生》专题讲座。

2006年

▲2006年4月24日，第三届中国·宁波国际茶文化节开幕。出席开幕式的有全国政协副主席郝建秀，浙江省政协副主席张蔚文，宁波市委书记巴音朝鲁，宁波市委副书记、市长毛光烈，宁波市委原书记叶承垣，市政协原主席徐季子，本会会长徐杏先等领导。

▲2006年4月24日，第三届"中绿杯"全国名优绿茶评比揭晓。本次评比，共收到来自全国各地绿茶产区的样品207个，最后评出金奖38个，银奖38个，优秀奖59个。

▲2006年4月24日，由本会会同宁波市教育局着手编写《中华茶文化少儿读本》教科书正式出版。宁波市教育局和本会选定宁波7所小学为宁波市首批少儿茶艺教育实验学校，进行授牌并举行赠书仪式，参加赠书仪式的有徐季子、高式熊、陈大申和本会会长徐杏先、副会长兼秘书长殷志浩等领导。

▲2006年4月24日下午，宁波"海上茶路"国际论坛在凯洲大酒店举行。中国国际茶文化研究会顾问杨招棣、副会长宋少祥，宁波市委副书记郭正伟，宁波市人民政府副市长陈炳水，本会会长徐杏先等领导及北京大学教授滕军、日本茶道学会会长仓泽行洋等国内外文史界和茶学界的著名学者、专家、企业家参会，就宁波"海上茶路"起航地的历史地位进行了论述，并达成共识，发表宣言，确认宁波为中国"海上茶路"起航地。

▲2006年4月25日，本会首次举办宁波茶艺大赛。参赛人数有150余人，经中国国际茶文化研究副秘书长姚国坤、张莉颖等6位专家评选，评选出"茶美人""茶博士"。本会会长徐杏先、副会长兼秘书长殷志浩到会指导并颁奖。

2007年

▲2007年3月中旬，本会组织茶文化专家、考古专家和部分研究员审定了大岚姚江源头和茶山茶文化遗址的碑文。

▲2007年3月底，《宁波当代茶诗选》由人民日报出版社出版，宁波市委宣传部副部长、本会副会长王桂娣主编，中国国际茶文化研究会会长刘枫、宁波市政协原主席徐季子分别为该书作序。

▲2007年4月16日，本会会同宁波市林业局组织评选八大名茶。经过9名全国著名的茶叶评审专家评审，评出宁波八大名茶：望海茶、印雪白茶、奉化曲毫、三山玉叶、瀑布仙茗、望府茶、四明龙尖、天池翠。

▲2007年4月17日，宁波八大名茶颁奖仪式暨全国"春天送你一首诗"朗诵会在中山广场举行。宁波市委原书记叶承垣、市政协主席王卓辉、市人民政府副市长陈炳水，本会会长徐杏先，副会长柴利能、王桂娣，副会长兼秘书长殷志浩等领导出席，副市长陈炳水讲话。

▲2007年4月22日，宁波市人民政府落款大岚茶事碑揭碑。宁波市副市长陈炳水、本会会长徐杏先为茶事碑揭碑，参加揭碑仪式的领导还有宁波市政府副秘书长柴利能、本会副会长兼秘书长殷志浩等。

▲2007年9月，《宁波八大名茶》一书由人民日报出版社出版。由宁波市林业局局长、本会副会长胡剑辉任主编。

▲2007年10月，《宁波茶文化珍藏邮册》问世，本书以记叙当地八大名茶为主体，并配有宁波茶文化书画院书法家、画家、摄影家创作的作品。

▲2007年12月18日，余姚茶文化促进会成立。本会会长徐杏先，本会副会长、宁波市人民政府副秘书长柴利能，本会副会长兼秘书长殷志浩到会祝贺。

▲2007年12月22日，宁波茶文化促进二届一次会员大会在宁波饭店举行。中国国际茶文化研究会副会长宋少祥、宁波市人大常委

会副主任郑杰民、宁波市副市长陈炳水等领导到会祝贺。第一届茶促会会长徐杏先继续当选为会长。

2008年

▲2008年4月24日，第四届中国·宁波国际茶文化节暨第三届浙江绿茶博览会开幕。参加开幕式的有全国政协文史委原副主任、浙江省政协原主席、中国国际茶文化研究会会长刘枫，浙江省人大常委会副主任程渭山，浙江省人民政府副省长茅临生，浙江省政协原副主席、本会名誉会长张蔚文，本市有王卓辉、叶承垣、郭正伟、陈炳水、徐杏先等领导参加。

▲2008年4月24日，由本会承办的第四届"中绿杯"全国名优绿茶评比在甬举行。全国各地送达参赛茶样314个，经9名专家认真细致、公平公正的评审，评选出金奖70个，银奖71个，优质奖51个。

▲2008年4月25日，宁波东亚茶文化研究中心在甬成立，并举行东亚茶文化研究中心授牌仪式，浙江省领导张蔚文、杨招棣和宁波市领导陈炳水、宋伟、徐杏先、王桂娣、胡剑辉、殷志浩等参加。张蔚文向东亚茶文化研究中心主任徐杏先授牌。研究中心聘请国内外著名茶文化专家、学者姚国坤教授等为东亚茶文化研究中心研究员，日本茶道协会会长仓泽行洋博士等为东亚茶文化研究中心荣誉研究员。

▲2008年4月，宁波市人民政府在宁海县建立茶山茶事碑。宁波市政府副市长、本会名誉会长陈炳水，会长徐杏先和宁波市林业局局长胡剑辉，本会副会长兼秘书长殷志浩等领导参加了宁海茶山茶事碑落成仪式。

2009年

▲2009年3月14日—4月10日，由本会和宁波市教育局联合主办，组织培训少儿茶艺实验学校教师，由宁波市劳动和社会保障局劳动

技能培训中心组织实施。参加培训的31名教师，认真学习《国家职业资格培训》教材，经理论和实践考试，获得国家五级茶艺师职称证书。

▲2009年5月20日，瀑布仙茗古茶树碑亭建立。碑亭建立在四明山瀑布泉岭古茶树保护区，由宁波市人民政府落款，并举行了隆重的建碑落成仪式，宁波市人民政府副市长、本会名誉会长陈炳水，本会会长徐杏先为茶树碑揭碑，本会副会长周信浩主持揭碑仪式。

▲2009年5月21日，本会举办宁波东亚茶文化海上茶路研讨会，参加会议的领导有宁波市副市长陈炳水，本会会长徐杏先，副会长柴利能、殷志浩等。日本、韩国、马来西亚以及港澳地区的茶界人士及内地著名茶文化专家100余人参加会议。

▲2009年5月21日，海上茶路纪事碑落成。本会会同宁波市城建、海曙区政府，在三江口古码头遗址时代广场落成海上茶路纪事碑，并举行隆重的揭碑仪式。中国国际茶文化研究会顾问杨招棣，宁波市政协原主席、本会名誉会长叶承垣，宁波市人民政府副市长、本会名誉会长陈炳水，本会会长徐杏先，宁波市政协副主席、本会顾问常敏毅等领导及各界代表人士和外国友人到场，祝贺宁波海上茶路纪事碑落成。

2010年

▲2010年1月8日，由中国国际茶文化研究会、中国茶叶学会、宁波茶文化促进会和余姚市人民政府主办，余姚茶文化促进会承办的中国茶文化之乡授牌仪式暨瀑布仙茗·河姆渡论坛在余姚召开。本会会长徐杏先、副会长周信浩、副会长兼秘书长殷志浩等领导出席会议。

▲2010年4月20日，本会组编的《千字文印谱》正式出版。该印谱汇集了当代印坛大家韩天衡、李刚田、高式熊等为代表的61位著名篆刻家篆刻101方作品，填补印坛空白，并将成为留给后人的一份珍贵的艺术遗产。

▲2010年4月24日，本会组编的《宁波茶文化书画院成立六周年画师作品集》出版。

▲2010年4月24日，由中国茶叶流通协会、中国国际茶文化研究会、中国茶叶学会三家全国性行业团体和浙江省农业厅、宁波市人民政府共同主办的"第五届·中国宁波国际茶文化节暨第五届世界禅茶文化交流会"在宁波拉开帷幕。出席开幕式的领导有全国政协原副主席胡启立，浙江省人大常委会副主任程渭山，中国国际茶文化研究会常务副会长徐鸿道，中国茶叶流通协会常务副会长王庆，浙江省农业厅副厅长朱志泉，中国茶叶学会副会长江用文，中国国际茶文化研究会副会长沈才土，宁波市委书记巴音朝鲁，宁波市长毛光烈，宁波市政协主席王卓辉，本会会长徐杏先等。会议由宁波市副市长、本会名誉会长陈炳水主持。

▲2010年4月24日，第五届"中绿杯"评比在宁波举行。这是我国绿茶领域内最高级别和权威的评比活动。来自浙江、湖北、河南、安徽、贵州、四川、广西、云南、福建及北京等十余个省（市）271个参赛茶样，经农业部有关部门资深专家评审，评选出金奖50个，银奖50个，优秀奖60个。

▲2010年4月24日下午，第五届世界禅茶文化交流会暨"明州茶论·禅茶东传宁波缘"研讨会在东港喜来登大酒店召开。中国国际茶文化研究会常务副会长徐鸿道、副会长沈才土、秘书长詹泰安、高级顾问杨招棣，宁波市副市长陈炳水，本会会长徐杏先，宁波市政府副秘书长陈少春，本会副会长王桂娣、殷志浩等领导，及浙江省各地（市）茶文化研究会会长兼秘书长，国内外专家学者200多人参加会议。会后在七塔寺建立了世界禅茶文化会纪念碑。

▲2010年4月24日晚，在七塔寺举行海上"禅茶乐"晚会，海上"禅茶乐"晚会邀请中国台湾佛光大学林谷芳教授参与策划，由本会副会长、七塔寺可祥大和尚主持。著名篆刻艺术家高式熊先生，本会会长徐杏先，宁波市政府副秘书长、本会副会长陈少春，副会长兼秘书长殷志浩等参加。

▲2010年4月24日晚，周大风所作的《宁波茶歌》亮相第五届宁波国际茶文化节招待晚会。

▲2010年4月26日，宁波市第三届茶艺大赛在宁波电视台揭晓。大赛于25日在宁波国际会展中心拉开帷幕，26日晚上在宁波电视台演播大厅进行决赛及颁奖典礼，参加颁奖典礼的领导有：宁波市委副书记陈新，宁波市副市长陈炳水，本会会长徐杏先，宁波市副秘书长陈少春，本会副会长殷志浩，宁波市林业局党委副书记、副局长汤社平等。

▲2010年4月，《宁波茶文化之最》出版。本书由陈炳水副市长作序。

▲2010年7月10日，本会为发扬传统文化，促进社会和谐，策划制作《道德经选句印谱》。邀请著名篆刻艺术家韩天衡、高式熊、刘一闻、徐云叔、童衍芳、李刚田、茅大容、马士达、余正、张耕源、黄淳、祝遂之、孙慰祖及西泠印社社员或中国篆刻家协会会员，篆刻创作道德经印章80方，并印刷出版。

▲2010年11月18日，由本会和宁波市老干部局联合主办"茶与健康"报告会，姚国坤教授作"茶与健康"专题讲座。本会名誉会长叶承垣，本会会长徐杏先，副会长兼秘书长殷志浩及市老干部100多人在老年大学报告厅聆听讲座。

2011年

▲2011年3月23日，宁波市明州仙茗茶叶合作社成立。宁波市副市长徐明夫向明州仙茗茶叶合作社林伟平理事长授牌。本会会长徐杏先参加会议。

▲2011年3月29日，宁海县茶文化促进会成立。本会会长徐杏先、副会长兼秘书长殷志浩等领导到会祝贺。宁海政协原主席杨加和当选会长。

▲2011年3月，余姚市茶文化促进会梁弄分会成立。浙江省首个乡镇级茶文化组织成立。本会副会长兼秘书长殷志浩到会祝贺。

▲2011年4月21日，由宁波茶文化促进会、东亚茶文化研究中心主办的2011中国宁波"茶与健康"研讨会召开。中国国际茶文化研究会常务副会长徐鸿道，宁波市副市长、本会名誉会长徐明夫，本会会

长徐杏先，宁波市委宣传部副部长、副会长王桂娣，本会副会长殷志浩、周信浩及150多位海内外专家学者参加。并印刷出版《科学饮茶益身心》论文集。

▲2011年4月29日，奉化茶文化促进会成立。宁波茶文化促进会发去贺信，本会会长徐杏先到会并讲话、副会长兼秘书长殷志浩等领导参加。奉化人大原主任何康根当选首任会长。

2012年

▲2012年5月4日，象山茶文化促进会成立。本会发去贺信，本会会长徐杏先到会并讲话，副会长兼秘书长殷志浩等领导到会。象山人大常委会主任金红旗当选为首任会长。

▲2012年5月10日，第六届"中绿杯"中国名优绿茶评比结果揭晓，全国各省、市250多个茶样，经中国茶叶流通协会、中国国际茶文化研究会等机构的10位权威专家评审，最后评选出50个金奖，30个银奖。

▲2012年5月11日，第六届中国·宁波国际茶文化节隆重开幕。中国国际茶文化研究会会长周国富、常务副会长徐鸿道，中国茶叶流通协会常务副会长王庆，中国茶叶学会理事长杨亚军，宁波市委副书记王勇，宁波市人大常委会原副主任、本会名誉会长郑杰民，本会会长徐杏先出席开幕式。

▲2012年5月11日，首届明州茶论研讨会在宁波南苑饭店国际会议中心举行，以"茶产业品牌整合与品牌文化"为主题，研讨会由宁波茶文化促进会、宁波东亚茶文化研究中心主办。中国国际茶文化研究会常务副会长徐鸿道出席会议并作重要讲话。宁波市副市长马卫光，本会会长徐杏先，宁波市林业局局长黄辉，本会副会长兼秘书长殷志浩，以及姚国坤、程启坤，日本中国茶学会会长小泊重洋，浙江大学茶学系博士生导师王岳飞教授等出席会议。

▲2012年10月29日，慈溪市茶业文化促进会成立。本会会长徐杏先、副会长兼秘书长殷志浩等领导参加，并向大会发去贺信，徐杏

先会长在大会上作了讲话。黄建钧当选为首任会长。

▲2012年10月30日，北仑茶文化促进会成立。本会向大会发去贺信，本会会长徐杏先出席会议并作重要讲话。北仑区政协原主席汪友诚当选会长。

▲2012年12月18日，召开宁波茶文化促进会第三届会员大会。中国国际茶文化研究会常务副会长徐鸿道，秘书长詹泰安，宁波市政协主席王卓辉，宁波市政协原主席叶承垣，宁波市人大常委会副主任宋伟、胡谟敦，宁波市人大常委会原副主任郑杰民、郭正伟，宁波市政协原副主席常敏毅，宁波市副市长马卫光等领导参加。宁波市政府副秘书长陈少春主持会议，本会副会长兼秘书长殷志浩作二届工作报告，本会会长徐杏先作临别发言，新任会长郭正伟作任职报告，并选举产生第三届理事、常务理事，选举郭正伟为第三届会长，胡剑辉兼任秘书长。

2013年

▲2013年4月23日，本会举办"海上茶路·甬为茶港"研讨会，中国国际茶文化研究会周国富会长、宁波市副市长马卫光出席会议并在会上作了重要讲话。通过了《"海上茶路·甬为茶港"研讨会共识》，进一步确认了宁波"海上茶路"启航地的地位，提出了"甬为茶港"的新思路。本会会长郭正伟、名誉会长徐杏先、副会长兼秘书长胡剑辉参加会议。

▲2013年4月，宁波茶文化博物院进行新一轮招标。宁波茶文化博物院自2004年建立以来，为宣传、展示宁波茶文化发展起到了一定的作用。鉴于原承包人承包期已满，为更好地发挥茶博院展览、展示，弘扬宣传茶文化的功能，本会提出新的目标和要求，邀请中国国际茶文化研究会姚国坤教授、中国茶叶博物馆馆长王建荣等5位省市著名茶文化和博物馆专家，通过竞标，落实了新一轮承包者，由宁波和记生张生茶具有限公司管理经营。本会副会长兼秘书长胡剑辉主持本次招标会议。

2014年

▲2014年4月24日，完成拍摄《茶韵宁波》电视专题片。本会会同宁波市林业局组织摄制电视专题片《茶韵宁波》，该电视专题片时长20分钟，对历史悠久、内涵丰厚的宁波茶历史以及当代茶产业、茶文化亮点作了全面介绍。

▲2014年5月9日，第七届中国·宁波国际茶文化节开幕。浙江省人大常委会副主任程渭山，中国国际茶文化研究会常务副会长徐鸿道，中国茶叶流通协会常务副会长王庆，中国农科院茶叶研究所所长、中国茶叶学会名誉理事长杨亚军，浙江省农业厅总农艺师王建跃，浙江省林业厅总工程师蓝晓光，宁波市委副书记余红艺，宁波市人大常委会副主任、本会名誉会长胡谟敦，宁波市副市长、本会名誉会长林静国，本会会长郭正伟，本会名誉会长徐杏先，副会长兼秘书长胡剑辉等领导出席开幕式，开幕式由宁波市副市长林静国主持，宁波市委副书记余红艺致欢迎词。最后由程渭山副主任和五大主办单位领导共同按动开幕式启动球。

▲2014年5月9日，第三届"明州茶论"——茶产业转型升级与科技兴茶研讨会，在宁波国际会展中心会议室召开。研讨会由浙江大学茶学系、宁波茶文化促进会、东亚茶文化研究会联合主办，宁波市林业局局长黄辉主持。中国国际茶文化研究会常务副会长徐鸿道，中国茶叶流通协会常务副会长王庆，宁波市副市长林静国等领导出席研讨会。本会会长郭正伟、名誉会长徐杏先、副会长兼秘书长胡剑辉等领导参加。

▲2014年5月9日，宁波茶文化博物院举行开院仪式。浙江省人大常委会副主任程渭山，中国国际茶文化研究会副会长徐鸿道，中国茶叶流通协会常务副会长王庆，本会名誉会长、人大常委会副主任胡谟敦，本会会长郭正伟，名誉会长徐杏先，宁波市政协副主席郑瑜，本会副会长兼秘书长胡剑辉等领导以及兄弟市茶文化研究会领导、海

内外茶文化专家、学者200多人参加了开院仪式。

▲2014年5月9日，举行"中绿杯"全国名优绿茶评比，共收到茶样382个，为历届最多。本会工作人员认真、仔细接收封样，为评比的公平、公正性提供了保障。共评选出金奖77个，银奖78个。

▲2014年5月9日晚，本会与宁海茶文化促进会、宁海广德寺联合举办"禅·茶·乐"晚会。本会会长郭正伟、名誉会长徐杏先、副会长兼秘书长胡剑辉等领导出席禅茶乐晚会，海内外嘉宾、有关领导共100余人出席晚会。

▲2014年5月11日上午，由本会和宁波月湖香庄文化发展有限公司联合创办的宁波市篆刻艺术馆隆重举行开馆。参加开馆仪式的领导有：中国国际茶文化研究会会长周国富、秘书长王小玲，宁波市政协副主席陈炳水，本会会长郭正伟、名誉会长徐杏先、顾问王桂娣等领导。开馆仪式由市政府副秘书长陈少春主持。著名篆刻、书画、艺术家韩天衡、高式熊、徐云叔、张耕源、周律之、蔡毅等，以及篆刻、书画爱好者200多人参加开馆仪式。

▲2014年11月25日，宁波市茶文化工作会议在余姚召开。本会会长郭正伟、名誉会长徐杏先、副会长兼秘书长胡剑辉、副秘书长汤社平以及余姚、慈溪、奉化、宁海、象山、北仑县（市）区茶文化促进会会长、秘书长出席会议。会议由汤社平副秘书长主持，副会长胡剑辉讲话。

▲2014年12月18日，茶文化进学校经验交流会在茶文化博物院召开。本会会长郭正伟、名誉会长徐杏先、副会长兼秘书长胡剑辉、宁波市教育局德育宣传处处长佘志诚等领导参加，本会副会长兼秘书长胡剑辉主持会议。

2015年

▲2015年1月21日，宁波市教育局职成教教研室和本会联合主办的宁波市茶文化进中职学校研讨会在茶文化博物院召开，本会会长郭

正伟、名誉会长徐杏先、副会长兼秘书长胡剑辉、宁波市教育局职成教研室书记吕冲定等领导参加，全市14所中等职业学校的领导和老师出席本次会议。

▲2015年4月，本会特邀西泠印社社员、本市著名篆刻家包根满篆刻80方易经选句印章，由本会组编，宁波市政府副市长林静国为该书作序，著名篆刻家韩天衡题签，由西泠印社出版印刷《易经印谱》。

▲2015年5月8日，由本会和东亚茶文化研究中心主办的越窑青瓷与玉成窑研讨会在茶文化博物院举办。中国国际茶文化研究会会长周国富出席研讨会并发表重要讲话，宁波市副市长林静国到会致辞，宁波市政府副秘书长金伟平主持。本会会长郭正伟、名誉会长徐杏先、副会长兼秘书长胡剑辉等领导出席研讨会。

▲2015年6月，由市林业局和本会联合主办的第二届"明州仙茗杯"红茶类名优茶评比揭晓。评审期间，本会会长郭正伟、名誉会长徐杏先、副会长兼秘书长胡剑辉专程看望评审专家。

▲2015年6月，余姚河姆渡文化田螺山遗址山茶属植物遗存研究成果发布会在杭州召开，本会名誉会长徐杏先、副会长兼秘书长胡剑辉等领导出席。该遗存被与会考古学家、茶文化专家、茶学专家认定为距今6 000年左右人工种植茶树的遗存，将人工茶树栽培史提前了3 000年左右。

▲2015年6月18日，在浙江省茶文化研究会第三次代表大会上，本会会长郭正伟，副会长胡剑辉、叶沛芳等，分别当选为常务理事和理事。

2016年

▲2016年4月3日，本会邀请浙江省书法家协会篆刻创作委员会的委员及部分西泠印社社员，以历代咏茶诗词，茶联佳句为主要内容篆刻创作98方作品，编入《历代咏茶佳句印谱》，并印刷出版。

▲2016年4月30日，由本会和宁海县茶文化促进会联合主办的第六届宁波茶艺大赛在宁海举行。宁波市副市长林静国，本会郭正伟、

徐杏先、胡剑辉、汤社平等参加颁奖典礼。

▲2016年5月3—4日，举办第八届"中绿杯"中国名优绿茶评比，共收到来自全国18个省、市的374个茶样，经全国行业权威单位选派的10位资深茶叶审评专家评选出74个金奖，109个银奖。

▲2016年5月7日，举行第八届中国·宁波国际茶文化节启动仪式，出席启动仪式的领导有：全国人大常委会第九届、第十届副委员长、中国文化院院长许嘉璐，浙江省第十届政协主席、全国政协文史与学习委员会副主任、中国国际茶文化研究会会长周国富，宁波市委副书记、代市长唐一军，宁波市人大常委会副主任王建康，宁波市副市长林静国，宁波市政协副主席陈炳水，宁波市政府秘书长王建社，本会会长郭正伟、创会会长徐杏先、副会长兼秘书长胡剑辉等参加。

▲2016年5月8日，茶博会开幕，参加开幕式的领导有：中国国际茶文化研究会会长周国富，本会会长郭正伟、创会会长徐杏先、顾问王桂娣、副会长兼秘书长胡剑辉及各（地）市茶文化研究（促进）会会长等，展会期间96岁的宁波籍著名篆刻书法家高式熊先生到茶博会展位上签名赠书，其正楷手书《陆羽茶经小楷》首发，在博览会上受到领导和市民热捧。

▲2016年5月8日，举行由本会和宁波市台办承办全国性茶文化重要学术会议茶文化高峰论坛。论坛由中国文化院、中国国际茶文化研究会、宁波市人民政府等六家单位主办，全国人大常委会第九届、第十届副委员长、中国文化院院长许嘉璐，中国国际茶文化研究会会长周国富参加了茶文化高峰论坛，并分别发表了重要讲话。宁波市人大常委会副主任王建康、副市长林静国，本会会长郭正伟、创会会长徐杏先、副会长兼秘书长胡剑辉等领导参与论坛，参加高峰论坛的有来自全国各地，包括港、澳、台地区的茶文化专家学者，浙江省各地（市）茶文化研究（促进）会会长、秘书长等近200人，书面和口头交流的学术论文31篇，集中反映了茶和茶文化作为中华优秀传统文化的组成部分和重要载体，讲好当代中国茶文化的故事，有利于助推"一带一路"建设。

▲2016年5月9日，本会副会长兼秘书长胡剑辉和南投县商业总

会代表签订了茶文化交流合作协议。

▲2016年5月9日下午，宁波茶文化博物院举行"清茗雅集"活动。全国人大常委会第九届、第十届副委员长、中国文化院院长许嘉璐，著名篆刻家高式熊等一批著名人士亲临现场，本会会长郭正伟、创会会长徐杏先、副会长兼秘书长胡剑辉、顾问王桂娣等领导参加雅集活动。雅集以展示茶席艺术和交流品茗文化为主题。

2017年

▲2017年4月2日，本会邀请由著名篆刻家、西泠印社名誉副社长高式熊先生领衔，西泠印副社长童衍方，集众多篆刻精英于一体创作而成52方名茶篆刻印章，本会主编出版《中国名茶印谱》。

▲2017年5月17日，本会会长郭正伟、创会会长徐杏先、副会长兼秘书长胡剑辉等领导参加由中国国际茶文化研究会、浙江省农业厅等单位主办的首届中国国际茶叶博览会并出席中国当代文化发展论坛。

▲2017年5月26日，明州茶论影响中国茶文化史之宁波茶事国际学术研讨会召开。中国国际茶文化研究会会长周国富出席并作重要讲话，秘书长王小玲、学术研究会主任姚国坤教授等领导及浙江省各地（市）茶文化研究会会长、秘书长，国内外专家学者参加会议。宁波市副市长卞吉安，本会名誉会长、人大常委会副主任胡谟敦，本会会长郭正伟，创会会长徐杏先，副会长兼秘书长胡剑辉等领导出席会议。

2018年

▲2018年3月20日，宁波茶文化书画院举行换届会议，陈亚非当选新一届院长，贺圣思、叶文夫、戚颢担任副院长，聘请陈启元为名誉院长，聘请王利华、何业琦、沈元发、陈承豹、周律之、曹厚德、蔡毅为顾问，秘书长由麻广灵担任。本会创会会长徐杏先，副会长兼秘书长胡剑辉，副会长汤社平等出席会议。

▲2018年5月3日，第九届"中绿杯"中国名优绿茶评比结果揭晓。共收到来自全国17个省（市）茶叶主产地的337个名优绿茶有效样品参评，经中国茶叶流通协会、中国国际茶文化研究会等机构的10位权威专家评审，最后评选出62个金奖，89个银奖。

▲2018年5月3日晚，本会与宁波市林业局等单位主办，宁波市江北区人民政府、市民宗局承办"禅茶乐"茶会在宝庆寺举行，本会会长郭正伟、副会长汤社平等领导参加，有国内外嘉宾100多人参与。

▲2018年5月4日，明州茶论新时代宁波茶文化传承与创新国际学术研讨会召开。出席研讨会的有中国国际茶文化研究会会长周国富、秘书长王小玲，宁波市副市长卞吉安，本会会长郭正伟、创会会长徐杏先以及胡剑辉等领导，全国茶界著名专家学者，还有来自日本、韩国、澳大利亚、马来西亚、新加坡等专家嘉宾，大家围绕宁波茶人茶事、海上茶路贸易、茶旅融洽、茶商商业运作、学校茶文化基地建设等，多维度探讨习近平新时代中国特色社会主义思想体系中茶文化的传承和创新之道。中国国际茶文化研究会会长周国富作了重要讲话。

▲2018年5月4日晚，本会与宁波市文联、市作协联合主办"春天送你一首诗"诗歌朗诵会，本会会长郭正伟、创会会长徐杏先、副会长兼秘书长胡剑辉等领导参加。

▲2018年12月12日，由姚国坤教授建议本会编写《宁波茶文化史》，本会创会会长徐杏先、副会长兼秘书长胡剑辉、副会长汤社平等，前往杭州会同姚国坤教授、国际茶文化研究会副秘书长王祖文等人研究商量编写《宁波茶文化史》方案。

2019年

▲2019年3月13日，《宁波茶通典》编撰会议。本会与宁波东亚茶文化研究中心组织9位作者，研究落实编撰《宁波茶通典》丛书方案，丛书分为《茶史典》《茶路典》《茶业典》《茶人物典》《茶书典》《茶诗典》《茶俗典》《茶器典·越窑青瓷》《茶器典·玉成窑》九种分

典。该丛书于年初启动，3月13日通过提纲评审。中国国际茶文化研究会学术委员会副主任姚国坤教授、副秘书长王祖文，本会创会会长徐杏先、副会长胡剑辉、汤社平等参加会议。

　　▲2019年5月5日，本会与宁波东亚茶文化研究中心联合主办"茶庄园""茶旅游"暨宁波茶史茶事研讨会召开。中国国际茶文化研究会常务副会长孙忠焕、秘书长王小玲、学术委员会副主任姚国坤、办公室主任戴学林，浙江省农业农村厅副巡视员吴金良，浙江省茶叶集团股份有限公司董事长毛立民，中国茶叶流通协会副会长姚静波，宁波市副市长卞吉安、宁波市人大原副主任胡谟敦，本会会长郭正伟、创会会长徐杏先、宁波市农业农村局局长李强，本会副会长兼秘书长胡剑辉、副会长汤社平等领导，以及来自日本、韩国、澳大利亚及我国香港地区的嘉宾，宁波各县（市）区茶文化促进会领导、宁波重点茶企负责人等200余人参加。宁波市副市长卞吉安到会讲话，中国茶叶流通协会副会长姚静波、宁波市文化广电旅游局局长张爱琴，作了《弘扬茶文化　发展茶旅游》等主题演讲。浙江茶叶集团董事长毛立民等9位嘉宾，分别在研讨会上作交流发言，并出版《"茶庄园""茶旅游"暨宁波茶史茶事研讨会文集》，收录43位专家、学者44篇论文，共23万字。

　　▲2019年5月7日，宁波市海曙区茶文化促进会成立。本会会长郭正伟、创会会长徐杏先、副会长兼秘书长胡剑辉、副会长汤社平到会祝贺。宁波市海曙区政协副主席刘良飞当选会长。

　　▲2019年7月6日，由中共宁波市委组织部、市人力资源和社会保障局、市教育局主办、本会及浙江商业技师学院共同承办的"嵩江茶城杯"2019年宁波市"技能之星"茶艺项目职业技能竞赛，取得圆满成功。通过初赛，决赛以"明州茶事·千年之约"为主题，本会创会会长徐杏先、副会长兼秘书长胡剑辉、副会长汤社平等领导出席决赛颁奖典礼。

　　▲2019年9月21—27日，由本会副会长胡剑辉带领各县（市）区茶文化促进会会长、秘书长和茶企、茶馆代表一行10人，赴云南省西双版纳、昆明、四川成都等重点茶企业学习取经、考察调研。

2020年

▲2020年5月21日，多种形式庆祝"5·21国际茶日"活动。本会和各县（市）区茶促会以及重点茶企业，在办公住所以及主要街道挂出了庆祝标语，让广大市民了解"国际茶日"。本会还向各县（市）区茶促会赠送了多种茶文化书籍。本会创会会长徐杏先、副会长兼秘书长胡剑辉参加了海曙区茶促会主办的"5·21国际茶日"庆祝活动。

▲2020年7月2日，第十届"中绿杯"中国名优绿茶评比，在京、甬两地同时设置评茶现场，以远程互动方式进行，两地专家全程采取实时连线的方式。经两地专家认真评选，结果于7月7日揭晓，共评选出特金奖83个，金奖121个，银奖15个。本会会长郭正伟、创会会长徐杏先、副会长兼秘书长胡剑辉参加了本次活动。

2021年

▲2021年5月18日，宁波茶文化促进会、海曙茶文化促进会等单位联合主办第二届"5·21国际茶日"座谈会暨月湖茶市集活动。参加活动的领导有本会会长郭正伟、创会会长徐杏先、副会长兼秘书长胡剑辉及各县（市）区茶文化促进会会长、秘书长等。

▲2021年5月29日，"明州茶论·茶与人类美好生活"研讨会召开。出席研讨会的领导和嘉宾有：中国工程院院士陈宗懋，中国国际茶文化研究会副会长沈立江、秘书长王小玲、办公室主任戴学林、学术委员会副主任姚国坤，浙江省茶叶集团股份有限公司董事长毛立民，浙江大学茶叶研究所所长、全国首席科学传播茶学专家王岳飞，江西省社会科学院历史研究所所长、《农业考古》主编施由明等，本会会长郭正伟、创会会长徐杏先、名誉会长胡谟敦，宁波市农业农村局局长李强，本会副会长兼秘书长胡剑辉等领导及专家学者100余位。会上，为本会高级顾问姚国坤教授颁发了终身成就奖。并表彰了宁波茶文化

优秀会员、先进企业。

▲2021年6月9日，宁波市鄞州区茶文化促进会成立，本会会长郭正伟出席会议并讲话、创会会长徐杏先到会并授牌、副会长兼秘书长胡剑辉等领导到会祝贺。

▲2021年9月15日，由宁波市农业农村局和本会主办的宁波市第五届红茶产品质量推选评比活动揭晓。通过全国各地茶叶评审专家评审，推选出10个金奖，20个银奖。本会会长郭正伟、创会会长徐杏先、副会长兼秘书长胡剑辉到评审现场看望评审专家。

▲2021年10月25日，由宁波市农业农村局主办，宁波市海曙区茶文化促进会承办，天茂36茶院协办的第三届甬城民间斗茶大赛在位于海曙区的天茂36茶院举行。本会创会会长徐杏先，本会副会长刘良飞等领导出席。

▲2021年12月22日，本会举行会长会议，首次以线上形式召开，参加会议的有本会正、副会长及各县（市）区茶文化促进会会长、秘书长，会议有本会副会长兼秘书长胡剑辉主持，郭正伟会长作本会工作报告并讲话；各县（市）区茶文化促进会会长作了年度工作交流。

▲2021年12月26日下午，中国国际茶文化研究会召开第六次会员代表大会暨六届一次理事会议以通信（含书面）方式召开。我会副会长兼秘书长胡剑辉参加会议，并当选为新一届理事；本会创会会长徐杏先、本会常务理事林宇晧、本会副秘书长竺济法聘请为中国国际茶文化研究会第四届学术委员会委员。

（周海珍　整理）

图书在版编目（CIP）数据

茶人物典 / 宁波茶文化促进会组编；竺济法著. —
北京：中国农业出版社，2023.9
（宁波茶通典）
ISBN 978-7-109-30684-4

Ⅰ.①茶… Ⅱ.①宁… ②竺… Ⅲ.①茶文化—宁波
②历史人物—生平事迹—中国 Ⅳ.①TS971.21②K820.6

中国国家版本馆CIP数据核字（2023）第080143号

茶人物典
CHA RENWU DIAN

中国农业出版社出版
地址：北京市朝阳区麦子店街18号楼
邮编：100125
特约专家：穆祥桐　　责任编辑：姚　佳
责任校对：刘丽香
印刷：北京中科印刷有限公司
版次：2023年9月第1版
印次：2023年9月北京第1次印刷
发行：新华书店北京发行所
开本：700mm×1000mm　1/16
印张：15.25
字数：205千字
定价：88.00元